U0145035

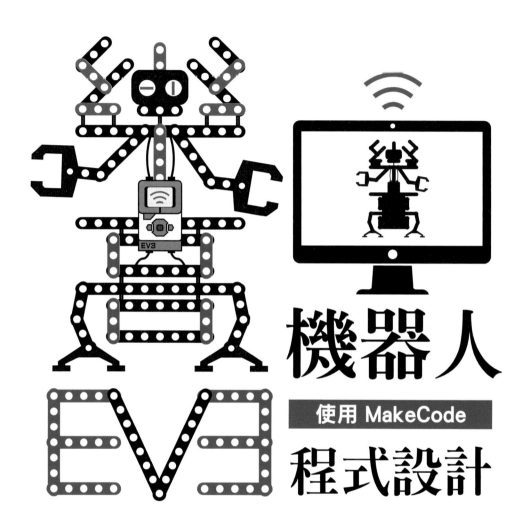

機器人

使用 MakeCode

程式設計

李春雄 著

五南圖書出版公司 印行

序

　　樂高是一家世界知名的積木玩具公司，從各種簡單的積木到複雜的動力機構，甚至自創樂高機器人，全都能讓大人與小孩玩到樂此不疲。為何樂高能讓大、小朋友甚至玩家「百玩不厭」呢？其最主要原因是它可以依照每一位玩家的「想像力及創造力」來建構其個人獨特的作品，並且還可透過「樂高專屬的軟體（LEGO MINDSTORMS Education EV3）」來控制 EV3 樂高機器人。

　　雖然 LEGO MINDSTORMS Education EV3 軟體是 LEGO 公司用來針對 EV3 所開發的軟體，對於小學生非常適合，但是，國中、高中及大學生來撰寫一些較複雜的應用時，例如：資料運算時會使用到大量的變數時，往往程式變得非常龐大。

　　有鑑於此，筆者利用微軟公司開發的「MakeCode」軟體來開發 EV3 機器人程式，主要的特色如下：
1. 提供「雲端化」的「整合開發環境」來開發專案
2. 提供「群組化」的「元件庫」來快速設計使用者介面
3. 利用「視覺化」的「拼圖程式」來撰寫程式邏輯
4. 支援「娛樂化」的「樂高機器人」製作的控制元件
5. 提供「多媒體化」的「聲光互動效果」

　　最後，在此特別感謝各位讀者對本著作的支持與愛護，筆者才疏學淺，有疏漏之處，敬請各位資訊先進不吝指教。

李春雄（Leech@gcloud.csu.edu.tw）

2019.10.10

於　正修科技大學　資管系

目 錄

Chapter **10** 遙控機器人（紅外線感測器）／275

Chapter 1

樂高機器人

1-1 樂高的基本介紹

　　樂高（Lego）是一間位於丹麥的玩具公司，總部位於比隆，創始於西元 1932 年，初期它主要生產積木玩具並命名為樂高。現今的樂高，已不只是小朋友的玩具，甚至已成為許多大朋友的最愛。其主要原因就是因為樂高公司不停的求新求變，並且與時代的潮流與趨勢結合，先後推出了一系列的主題產品。以下為筆者歸納出目前較常見的十種主題系列：

1. City（城市）系列	2. NinjaGo（忍者）系列

3. Star Wars（星際大戰）系列	4. Pirates（海盜）系列

5. Speed（賽車）系列	6. Super Heroes（超級英雄）系列

7. CHIMA（神獸傳奇）系列	8. Creator（創意）系列

9. Technic（科技）系列	10. Mindstorms（機器人）系列

資料來源 維基百科

註 以上為目前市面上的十種樂高系列，其中 1～7 系列，樂高公司已經
提供最固定的產品，適合小朋友或收藏家；而 8～10 系列的產品能夠
訓練學生的創意、組裝機構及邏輯思考能力。

1-1-1　樂高創意積木

【功能】

　　讓小朋友隨著「故事」的情境，發揮自己的想像力，使用 LEGO 積木動手組裝出自己設計的模型。

【目的】

1. 培養孩子的創造力。

2. 實作中訓練手指的靈活度。

3. 讓小朋友與大家分享自己的作品，培養孩子的表達能力。

【樂高教具】

Classic Ideas 創意積木	創意積木
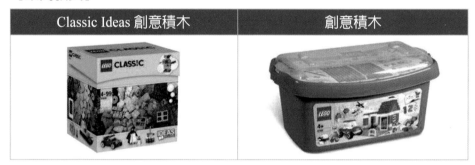	

【適合年齡】幼稚園階段到小二

【取得方式】1. 臺灣貝登堡

　　　　　　2. 全省樂高教育中心代購

　　　　　　3. 百貨公司（種類有限）

　　　　　　4. 露天網站（種類最多）

　　　　　　5. 其他……

【官方作品】

「小房子」造型創作	「賽車」造型創作

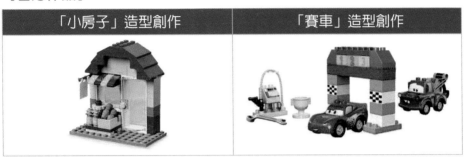

【作者創作作品】

「無敵鐵金鋼」造型創作	「小汽車」造型創作
「微型戰車」造型創作	「瓦力機器人」造型創作

1-1-2　樂高動力機械

【功能】讓小朋友使用 LEGO 動力機械組，藉由動手實作以驗證「槓桿」、
　　　　「齒輪」、「滑輪」、「連桿」、「輪軸」……等物理機械原理。

【目的】

1. 從中觀察與測量不同現象，深入了解物理科學知識。

2. 由「做中學，學中做」。

3. 觀察生活與機械並培養解決能力。

【教具】

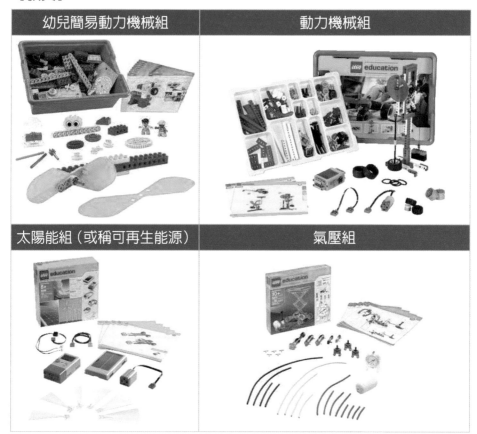

幼兒簡易動力機械組	動力機械組
太陽能組（或稱可再生能源）	氣壓組

動力機械組（延伸套件組）			
 PF 馬達（M）		可調整速度	無法調整速度
		紅外線接收器	IR 紅外線遙控器

		PF 馬達（L）　PF馬達（XL）	轉向馬達

註 PF 代表 Power Functions

【圖片來源】臺灣貝登堡 http：//www.erobot.com.tw/

【適合年齡】國小階段及動力機械玩家

【取得方式】1. 臺灣貝登堡

2. 全省樂高教育中心代購

3. 百貨公司（種類有限）

4. 露天網站（種類最多）

5. 其他……

【官方作品】

動力機器 F1 賽車	動力機器超級跑車

【作者創作作品】

「改造」成動力機器 F1 賽車	「原創」的 F1 賽車

「改造」成動力機器超級跑車	「原創」的超級跑車

 1-1-3　樂高機器人

【定義】EV3 樂高機器人（LEGO MINDSTORMS）是樂高集團所製造的可
　　　　程式化的機器玩具。

【目的】

1. 親自動手「組裝」，訓練學生「觀察力」與「空間轉換」能力。
2. 親自撰寫「程式」，訓練學生「專注力」與「邏輯思考」能力。
3. 親自實際「測試」，訓練學生「驗證力」與「問題解決」能力。

【樂高教具】目前可分為 RCX（第一代）、NXT（第二代）與 EV3（第三
　　　　　　代）。

RCX（第一代）1998	NXT（第二代）2006	EV3（第三代）2013

註 1. 第一代的 RCX 目前已經極少玩家在使用了。==> 已成為古董級商品。

2. 第二代的 NXT 目前雖然已經停產，但是部分的教育中心尚在使用。

3. 第三代的 EV3 是目前市面上的主流機器人。

● 一、NXT（第二代）相關的套件如下：

NXT 玩具版（零售版）LEGO 8547	NXT 教育版 LEGO 9797

● 二、EV3（第三代）相關的套件如下：

EV3 家用版（零售版）LEGO 31313	EV3 教育版 LEGO 45544

【圖片來源】臺灣貝登堡 http：//www.erobot.com.tw/

【取得方式】 1. 臺灣貝登堡

2. 全省樂高教育中心代購

3. 百貨公司（種類有限）

4. 露天網站（種類最多）

5. 其他……

【官方作品】

NXT 基本車	NXT 人型機器人

EV3 機器狗	EV3 人型機器人

【作者創作作品】

「改造」成 EV3 主機的 F1 賽車	「原創」的樂高藍寶堅尼跑車

「改造」成 NXT 主機的超級跑車	「原創」的超級跑車

1-2 什麼是機器人

【機器人的迷思】

　　「機器人」只是一臺「人形玩具或遙控跑車」，其實這樣的定義太過狹隘且不正確。

人形玩具	遙控汽車

【說明】

1. 人形玩具：屬於靜態的玩偶，無法接收任何訊號，更無法自行運作。

2. 遙控汽車：可以接收遙控器發射的訊號，但是，缺少「感測器」來偵測外界環境的變化。例如：如果沒有遙控器控制的話，遇到障礙物前，也不會自動停止或轉彎。

【深入探討】

　　我們都知道，人類可以用「眼睛」來觀看周圍的事物，利用「耳朵」聽見周圍的聲音，但是，機器人卻沒有眼睛也沒有耳朵，那到底要如何模擬人類思想與行為，進而協助人類處理複雜的問題呢？

其實「機器人」就是一部電腦（模擬人類的大腦），它是一部具有電腦控制器（包含中央處理單元、記憶體單元），並且有輸入端，用來連接感測器（模擬人類的五官）與輸出端，用來連接馬達（模擬人類的四肢）。

【定義】

　　機器人（Robot）它不一定是以「人形」為限，凡是可以用來模擬「人類思想」與「行為」的機械玩具才能稱之。

【三種主要組成主素】

　　1.感測器（輸入）2.處理器（處理）3.伺服馬達（輸出）。

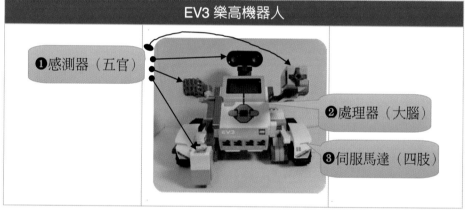

EV3 樂高機器人

❶感測器（五官）

❷處理器（大腦）

❸伺服馬達（四肢）

【機器人的運作模式】

輸入端：類似人類的「五官」，利用各種不同的「感測器」，來偵測外界環境的變化，並接收訊息資料。

處理端：類似人類的「大腦」，將偵測到的訊息資料，提供「程式」開發者來做出不同的回應動作程序。

輸出端：類似人類的「四肢」，透過「伺服馬達」來真正做出動作。

【舉例】會走迷宮的機器人

　　假設已經裝組完成一臺樂高機器人的車子（又稱為輪型機器人），當「輸入端」的「超音波感測器」偵測到前方有障礙物時，其「處理端」的「程

式」可能的回應有「直接後退」或「後退再進向」或「停止」動作等,如果是選擇「後退再進向」時,則「輸出端」的「伺服馬達」就是真正先退後,再向左或向右轉,最後,再直走等動作程序。

入口出發	尋找迷宮路徑	順利找到出口
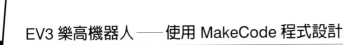		

【機器人的運用】

由於人類不喜歡做具有「危險性」及「重複性」的工作,因此,才會有動機來發明各種用途的機器人,其目的就是用來取代或協助人類各種複雜性的工作。

【常見的運用】

1. 工業上:焊接用的機械手臂(如:汽車製造廠)或生產線的包裝。

2. 軍事上:拆除爆裂物(如:炸彈)。

3. 太空上:無人駕駛(如:偵查飛機、探險車)。

4. 醫學上:居家看護(如:通報老人的情況)。

5. 生活上:自動打掃房子(如:自動吸塵器)。

6. 運動上:自動發球機(如:桌球發球機)。

7. 運輸上:無人駕駛車(如:Google 研發的無人駕駛車)。

8. 安全測試上:汽車衝撞測試。

9. 娛樂上:取代傳統單一功能的玩具。

10. 教學上:訓練學生邏輯思考及整合應用能力,其主要目的是讓學生學會機器人的機構原理、感測器、主機及伺服馬達的整合應用。進而開發各種機器人程式以供實務上的應用。

1-3 EV3樂高機器人

【引言】

　　從第一代的 RCX（1998 年）、第二代的 NXT（2006 年），讓全世界的樂高玩家，包括大人或小朋友都玩翻了。樂高公司在 2013 年底，又推出更強功能的第三代樂高機器人 EV3，其中 EV 代表了進化（Evolution）之意。

【定義】

　　EV3 樂高機器人（LEGO MINDSTORMS）是樂高集團所製造的可程式化的機器玩具。

MakeCode 軟體	EV3 樂高機器人

【說明】

　　在 MakeCode 軟體中，我們可以透過「拼圖程式」來命令 EV3 樂高機器人進行各種控制，以便讓學生較輕易的撰寫機器人程式，而不需了解樂高機器人內部的軟、硬體結構。

【常用的開發工具】

1. LEGO MINDSTORMS Education EV3：利用「圖塊式」的「拼圖程式」來撰寫程式「EV3 樂高機器人」。

2. MakeCode：利用「模組式」的「拼圖程式」來撰寫程式「EV3樂高機器人」。

3. leJOS：針對 NXT/EV3 樂高機器人量身訂作的 Java 語言。

【適用時機】

1. LEGO MINDSTORMS Education EV3：適用於小學生或樂高機器人的初學者。
2. MakeCode：適用於高中、國中、小學生或樂高機器人的初學者。
3. leJOS：適用於高中、大專以上的學生。

【共同之處】提供完整的 LEGO 元件來控制 EV3 機器人的硬體。

【MakeCode的優點】

1. 利用「模組式」的「拼圖程式」來撰寫程式「EV3 樂高機器人」，可以減少學習複雜的 leJOS 程式碼的負擔。
2. 開發環境目前主流的 Scratch、mBlock 程式語言相同，都是條列式拼圖模組，較容易訓練學生的邏輯思維。

1-4 EV3樂高機器人套件

【引言】

　　基本上，樂高機器人是由許多積木、橫桿、軸、套環、輪子、齒輪及最重要的可程式積木（主機）及相關的感測器等元件所組成。因此，在學習樂高機器人之前，必須要先了解它的組成機構之元件。

【樂高機器人套件版本】

EV3 教育版（產品編號：45544）	EV3 零售版（產品編號：31313）

【EV3教育版與零售版的主要差異】

元件 ＼ 版本	EV3 教育版	EV3 零售版 （或稱玩具版、家用版）
EV3 主機	1	1
大型伺服馬達	2	2
中型伺服馬達	1	1
觸碰感應器	2	1
陀螺儀感應器	1	無
顏色感應器	1	1
超音波感應器	1	無
紅外線感應器	無	1
紅外線遙控器	無	1（搭配「紅外線感應器」）

【說明】以上灰色網底表示兩種版本不同之處。

【樂高機器人的輸入／處理／輸出的主要元件】本書是以「EV3 教育版」為主。

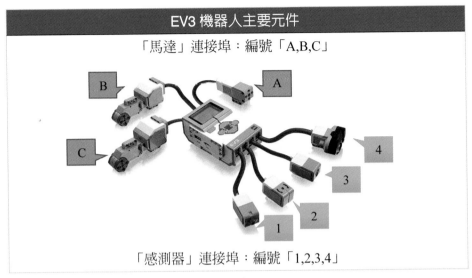

EV3 機器人主要元件
「馬達」連接埠：編號「A,B,C」
「感測器」連接埠：編號「1,2,3,4」

（圖片來源：http：//education.lego.com/）

【說明】

1. 輸入元件：感測器。連接埠編號分別為「1,2,3,4」
2. 處理元件：EV3 主機。機器人的大腦。
3. 輸出元件：伺服馬達。連接埠編號分別為「A,B,C」

● 一、輸入元件（感測器）

基本上，EV3 機器人的標準配備中，共有四種感測器：

❶觸碰感測器	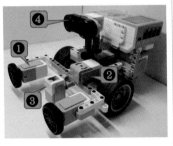	類似人類的「皮膚觸覺」
❷陀螺儀感測器		類似人類的「頭腦平衡系統」
❸顏色感測器		類似人類的「眼睛」來辨識「顏色深淺度及光源」
❹超音波感測器		類似人類的「眼睛」來辨識「距離」

說明：以上四種感測器，在 MakeCode 軟體中，其預設的感測器連接埠（SensorPort）為接在 EV3 的 1 至 4 號輸入端，但是，您也可以自行修改感測器的連接埠。

●二、處理元件（主機）

EV3 主機	說明
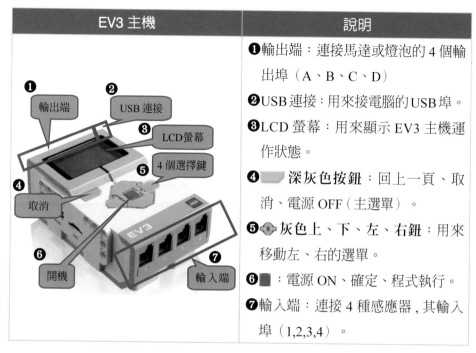	❶輸出端：連接馬達或燈泡的 4 個輸出埠（A、B、C、D） ❷USB 連接：用來接電腦的USB埠。 ❸LCD 螢幕：用來顯示 EV3 主機運作狀態。 ❹ ▬ **深灰色按鈕**：回上一頁、取消、電源 OFF（主選單）。 ❺ ✦ **灰色上、下、左、右鈕**：用來移動左、右的選單。 ❻ ▪：電源 ON、確定、程式執行。 ❼輸入端：連接 4 種感應器，其輸入埠（1,2,3,4）。

●三、輸出元件（伺服馬達）

　　想要讓機器人走動，就必須要先了解何謂伺服馬達（EV3Drive），它是指用來讓機器人可以自由移動（前、後、左、右及原地迴轉），或執行某個動作的馬達。

【伺服馬達的圖解】

「大型」伺服馬達	「中型」伺服馬達

【說明】伺服馬達內建「角度感測器」，可以精確地控制馬達運轉。

1-5 如何用MakeCode程式學習運算思維

　　運算思維（Computational Thinking）本身就是運用電腦來解決問題的思維。其中 "Computaional" 就是指「可運算的」，為什麼強調可運算？**因為電腦的本質就是一臺功能強大的計算機，所以，我們必須先「定義問題」再將問題轉換成電腦可運算的形式，亦即程式處理程序（俗稱程式設計），透過它的強大運算能力來幫我們解決問題。**

　　由於傳統的教學方式，大部分著重在「知識傳遞」，較少讓學生能有「動手做」的機會，使得學生往往無法親自體驗學習的樂趣，更無法了解知識與生活上的連接性及應用性，導致許多學生有誤認為「學習無用」的想法。

　　近年來全球吹起Maker（創客）風潮，其主要的目的就是讓學生親自「動手做、實踐創意」之翻轉教育，它強調「一起做（Do It Together）」的跨領域整合學習方式。因此，美國總統歐巴馬也曾公開呼籲學生，希望學生多參與 Maker 活動，激發學生的各種創意思考，並希望透過 STEM（Science、Technology、Engineering、Mathematics）教育來跨領域地整合學習，讓學生可以從「創意」走向「創新」及「創業」。

由於傳統的程式設計教學方式，學生只會跟著老師學習課本中的小程式，它是屬於單向式教法、記憶式教法或紙上談兵法，無法讓學生感受到程式設計對他未來的幫助。

　　有鑑於此，本書主要的發想就是利用「EV3 機器人創客套件」為教具，來讓學生親自動手「組裝」日常生活上最想要設計的作品外部機構，並加裝各種電控元件，以完成「智能裝置」，再讓學生親自撰寫「程式」，訓練學生們的「邏輯思考」及「問題解決」能力。

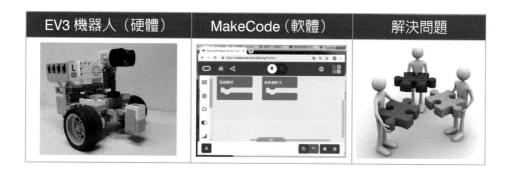

1-6 EV3機器人在創客教育上的應用

　　在了解 EV3 機器人教育組的基本運用之後，各位同學是否有發現，EV3 機器人如果沒有結合擴展套件，好像不夠精彩及有趣。因此，筆者的研究室開發了各種不同專題製作的作品。常見如下：

一、智慧型撿桌球機器人

智慧型撿桌球機器人

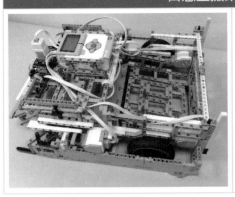

二、智慧型資源回收分類系統

智慧型資源回收分類系統

● 三、智能垃圾壓縮筒

智能垃圾壓縮筒

  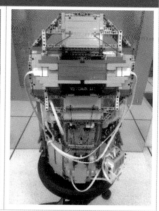

● 四、樂高版智慧藥盒

樂高版智慧藥盒（藥袋版 1.0）

樂高版智慧藥盒（藥盒版 2.0）

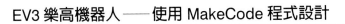

樂高版智慧藥盒（藥盒版 3.0）

摩天輪智慧藥盒（藥盒版 4.0）

●五、長照型服務機器人

長照型服務機器人

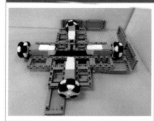  

 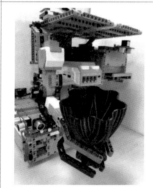 

●六、樂高智慧屋

樂高智慧屋

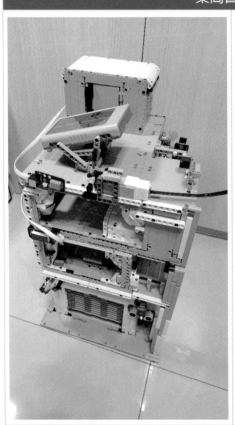

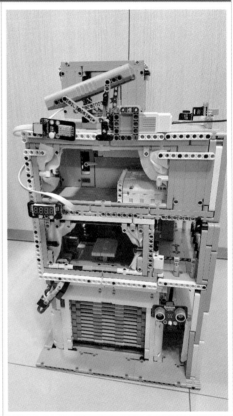

●七、智能導盲杖

智能導盲杖

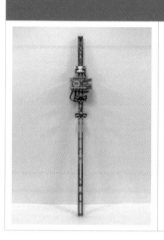  

　　當你看到以上這些專題製作，心裡一定會想問，擁有一臺屬於個人的 EV3 機器人智能車之後，我可以做什麼？這是一個非常重要的問題。請不用緊張，接下來，筆者來幫各位讀者歸納出一些運用。

一、娛樂方面：由於智能小車上有「紅外線接收器」，因此，我們可以透過「紅外線遙控器」來操作機器人，也還可以切換成自走車。例如：遙控車、避障車及循跡車等。

二、訓練邏輯思考及解決問題的能力：

　　1.親自動手「組裝」，訓練學生「觀察力」與「空間轉換」能力。

　　2.親自撰寫「程式」，訓練學生「專注力」與「邏輯思考」能力。

　　3.親自實際「測試」，訓練學生「驗證力」與「問題解決」能力。

　　綜合上述，學生在組裝一臺智能小車之後，再利用「圖控程式」的方式來降低學習程式的門檻，進而達到解決問題的能力。

三、機構改造與創新：

　　1.依照不同的用途來建構特殊化創意機構。

　　2.整合機構、電控及程式設計的跨領域能力。

課後習題

1. 請說明創意積木、動力機械及樂高機器人三者的主要差異。

2. 請說明樂高機器人的發展歷程。（第一代到第三代）

3. 請列舉出機器人的組成三要素。

4. 請列舉出機器人的運用。至少列出10項。

5. 請問目前常見有哪些軟體程式可以來控制「樂高機器人」？

Chapter 2

EV3 主機的程式開發環境

● 本章學習目標 ●

1. 讓讀者了解 EV3 機器人的程式設計流程。

2. 讓讀者了解 EV3 樂高機器人的組裝及在主機中撰寫簡易控制程式。

● 本章內容 ●

EV3樂高機器人的程式設計流程

【引言】

　　在前一章節中，我們已經了解 EV3 主機的組成元件了，但是，光有這些零件，只能組裝成機器人的外部機構，而無法讓使用者控制它的動作。因此，要如何在 EV3 主機上撰寫程式，來讓使用者進行測試及操控機器人，這是本章節的重要課題。

【設計機器人程式的三部曲】

　　基本上，要完成一個指派任務的機器人，必須要包含：組裝、寫程式、測試三個步驟。

【圖解】

組裝	寫程式	測試

【說明】

➤組裝：依照指定任務來將「馬達、感應器及相關配件」裝在「EV3 主機」上。

➤寫程式：依照指定任務來撰寫處理程序的動作與順序（MakeCode拼圖程式）。

➤測試：將 MakeCode 拼圖程式上傳到「EV3 主機」內，並依照指定任務的
　　　　動作與順序來進行模擬運作。

【流程圖】

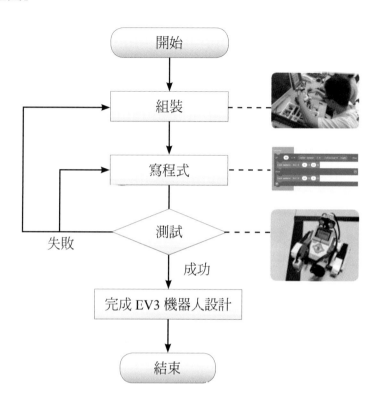

2-2 組裝一臺樂高機器人

如果你是初學者時，你可以參考樂高機器人組裝的相關網站或書籍。在本單元中，我們假設您已經組裝一臺樂高機器人，亦即只需要二個馬達（左側馬達接於輸出端 B，右側則是輸出端 C），也可以暫時加裝「超音波」與「顏色」感測器。

基本車（不含感測器）	基本車（含感測器）

【特色】具有機器人頭部左右轉頭功能

向左轉	看中間	向右轉

　　基本上，想要組裝一臺會轉頭的樂高基本車，只需要將「伺服馬達、感測器及相關零件」裝在「EV3 機器人」上。其組裝步驟如下所示：

 2-2-1　基本車（不含感測器）的組裝圖

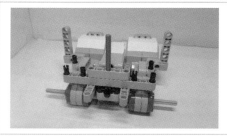

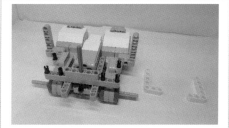

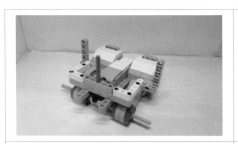

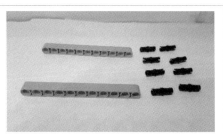

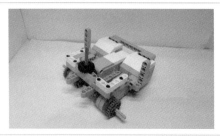

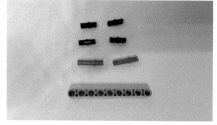

2-2-2　基本車（加裝超音波感測器）的組裝圖

在組裝完成樂高基本車（不含感測器）之後，本單元再加裝超音波感測器，其組裝圖如下所示：

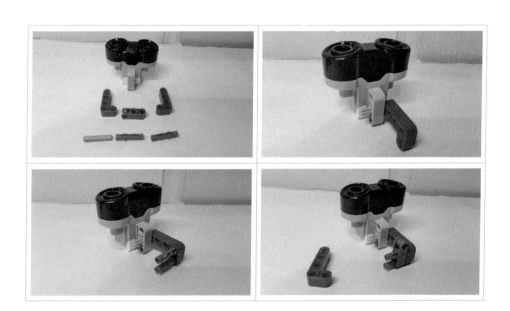

2-2-3　基本車（加裝顏色感測器）的組裝圖

在組裝完成樂高基本車（含超音波感測器）之後，本單元再加裝顏色感
測器，其組裝圖如下所示：

註 關於加裝「雙碰觸感測器」及「紅外線感測器」的組裝圖，請參考附書光碟手冊。

2-3 EV3主機操作設定

在我們組裝完成一臺 EV3 基本車之後，首先，必須要了解如何設定 EV3 主機，例如：開機與關機，如何藍牙連線、如何觀看各種感測器的偵測值及測試馬達是否正常等操作。

2-3-1　EV3 主機的電池

基本上，要讓 EV3 主機可以開機，必須要有電池才行。

【常用的方法】

1. 安裝鋰電池並充電。

2. 安裝 6 顆 1.5V 的 3 號電池。

一、安裝鋰電池並充電

(1) 安裝鋰電池

想要為 EV3 主機中的鋰電池充電時，就必須要先將主機底部的電池蓋子打開，再安裝上「鋰電池」。

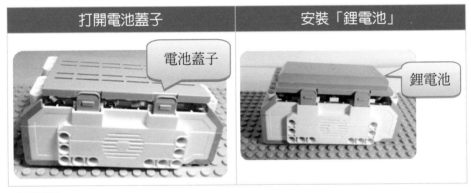

打開電池蓋子	安裝「鋰電池」
電池蓋子	鋰電池

【說明】

❶ 打開電池蓋子時，必須先壓一下前方的「厚卡榫」，再往上取出蓋子。

❷ 安裝「鋰電池」時，則必須先將後面的「薄卡榫」插入上方有編號的凹槽，再壓下前方的「厚卡榫」即可。

(2) 鋰電池充電

鋰電池裝在主機上充電	鋰電池單獨充電
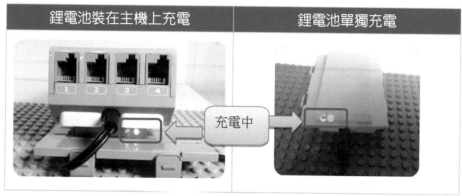	

【說明】

　　鋰電池在充電時，「紅、綠」2 顆 LED 燈都會同時亮。但是，在電力充飽時，則只剩下「綠色 LED 燈」會繼續亮。

【注意】鋰電池也可以單獨充電，不一定要先安裝在 EV3 主機上。

●二、安裝6顆1.5V的3號電池

　　如果您不小心，把樂高原廠的「鋰電池」遺失或在外面突然發現沒電時，你也可以購買 6 顆 1.5V 的 3 號電池。

打開電池蓋子	安裝「3 號電池」
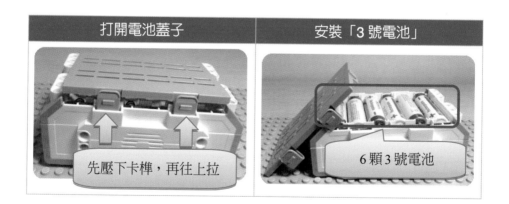	

先壓下卡榫，再往上拉

6 顆 3 號電池

2-3-2　EV3 主機的硬體元件及功能選單

　　樂高主機是樂高集團所製造的可程式化的機器玩具,它是一部具有 32 位元核心電腦控制器(包含中央處理單元、記憶體單元),並且有 4 個輸入端,用來連接感測器(模擬人類的五官)與 3 個輸出端,用來連接馬達(模擬人類的四肢),並且主機上的螢幕可以提供使用者設定及偵測各種訊息資料。

● 一、EV3主機的基本硬體元件

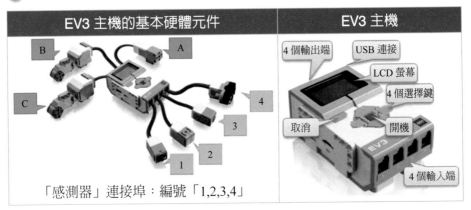

（圖片來源：http://education.lego.com/）

【說明】

1. 輸出端:連接 2 個伺服馬達及 1 個燈泡,共有 4 個輸出埠(A、B、C、D)

2. USB 連接:用來連接電腦的 USB 埠。

3. LCD 螢幕:用來顯示 EV3 主機運作狀態(解析度為 178×128 像素)。

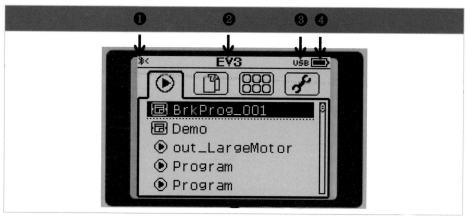

❶❊❮：藍芽已開啓，尙未與其他裝置連接。

　❊◆：藍芽已開啓，已與其他裝置連接。

❷EV3：主機名稱，它可以讓使用者透過「MakeCode」來自行設定。

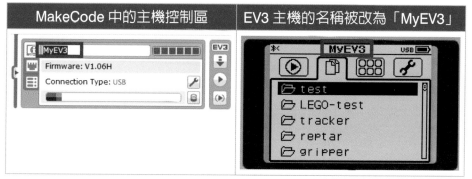

❸USB：EV3 主機與電腦正常連接，且可正常工作。

❹▬▬：電池電力的圖像。如果電量低於 10% 時，此圖像會不停的閃動。

4. ▬灰色長方形按鈕：關機（OFF）、取消、回上一頁。

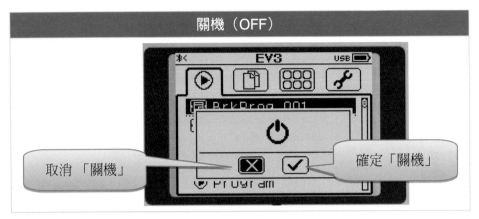

【說明】

❶連續按「左上方的灰色按鈕」就會出現上面的關機選項畫面。

❷如果您想要關機時，則先按一下「右按鈕」，再按下「深灰色正方形按鈕」。否則，按下「灰色長方形按鈕」就可以返回到 EV3 主功能表。

5. 上下左右的灰色按鈕：用來移動左、右的功能選單，並且利用上、下鈕來選擇檔案或選項。

6. 深灰色正方形按鈕：開機（ON）、確定、程式執行。

7. 輸入端：連接 4 種不同的感應器，其輸入埠分別為（1,2,3,4）。

二、EV3主機的功能選單

在了解了 EV3 主機上的各種不同按鈕的使用方法之後，接下來，我們再來介紹 EV3 主機螢幕上的功能選單，其簡易說明如下：

（一）程式清單：顯示最近使用的程式（包括 MakeCode 拼圖程式或 EV3 內建程式等）。

EV3 主機的程式開發環境　Chapter **2**

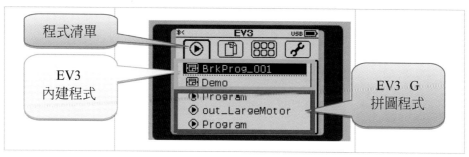

（二）專案清單：顯示全部的專案（包括 MakeCode 拼圖程式或 EV3 內建程式等）。

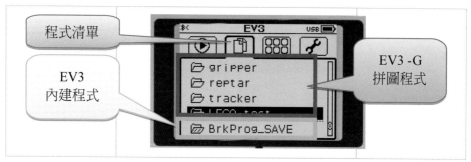

（三）檢視與控制：用來檢視感應器、伺服馬達及撰寫 EV3 內建程式。

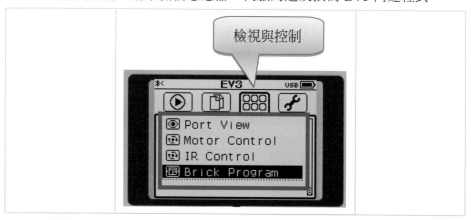

說明：1. Port View：檢視各種感應器的偵測值。

2. Moto Control：用來測試伺服馬達是否正常。

3. IR Control：利用「紅外線感應器」來接收「紅外線發射器」

4. Brick Program：在 EV3 主機上撰寫內建程式。

（四）設定工具：設定「操作按鈕的音量大小」、「自動休眠時間」、「藍牙設定」、「WiFi」及「主機相關資訊」等功能。

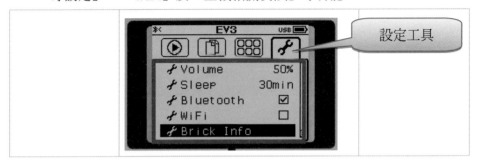

說明：1. Volume：設定操作按鈕的音量大小。

2. Sleep：設定自動休眠時間。

3. Bluetooth：設定藍牙功能。

4. WiFi：設定 WiFi 功能。

5. Brick Info：查詢主機相關資訊。

 2-3-3　EV3 主機加裝感應器

感應器類似人類的「五官」，EV3 機器人可以利用各種不同的「感測器」，來偵測外界環境的變化，並接收訊息資料。

【EV3主機常用的四種感測器】

觸碰感測器	連接 EV3 主機的 1 號輸入端

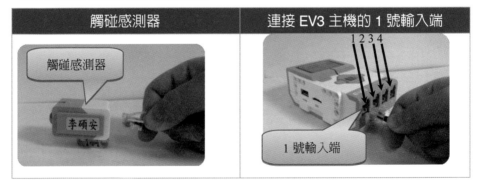

【說明】

1. 觸碰感測器：類似人類的「皮膚觸覺」。→接 1 號連接埠。

2. 陀螺儀感測器：類似人類的「大腦平衡系統」。→接 2 號連接埠。

3. 顏色感測器：類似人類的「眼睛」來辨識「顏色深淺度及光源」。→接 3 號連接埠。

4. 超音波感測器：類似人類的「眼睛」來辨識「距離」。→接 4 號連接埠。

　　以上四種感測器，在 EV3 主機中，其預設的感測器連接埠（Sensor-Port）為接在 EV3 的 1 至 4 號輸入端，雖然你也可以自行修改感測器的連接埠，但是，建議使用預設值。

● 一、利用「檢視與控制」功能來測試「感應器」

【目的】用來觀看感應器是否正常偵測外部訊息。

（一）觸碰感測器

【操作步驟】▦ /Port View/TOUCH

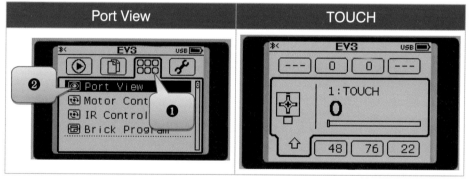

【測試方式】請您壓下「觸碰感測器」後再放開。

壓下	放開
手指「壓下」觸碰感測器	手指「 放開 」觸碰感測器

【測試結果】

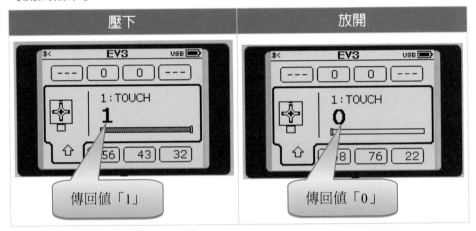

壓下	放開
傳回值「1」	傳回值「0」

（二）聲音感測器：

在 EV3 套件中，並沒有提供聲音感測器，你可以使用 NXT 套件中聲音感測器來測試。

【操作步驟】▦/Port View/NXT-SND-DB

Port View	NXT-SND-DB

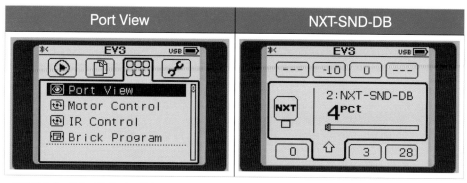

【測試方式】請您在「聲音感測器」前面發出不同大小的音量。

低音量（不出聲）	高音量（大叫聲）

【測試結果】

低音量	高音量

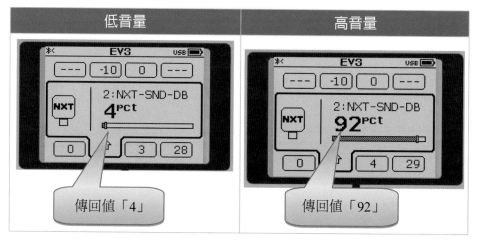

傳回值「4」　　　傳回值「92」

（三）顏色感測器：

【操作步驟】▦/Port View/COL-REFLECT

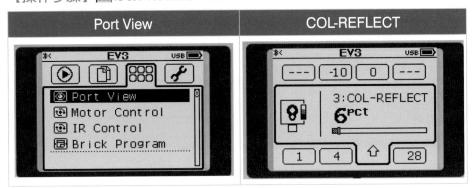

Port View	COL-REFLECT

【測試模式】有三種模式：

在上面的右圖中，按下「中間的確認鈕」可以切換偵測模式：

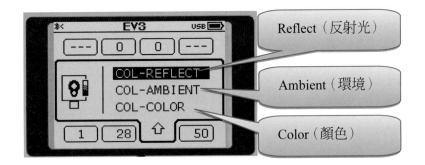

Reflect（反射光）

Ambient（環境）

Color（顏色）

【測試反射光】請你準備兩張紙（黑色與白色），分別放在「顏色感測器」下方。

黑色紙的反射光	白色紙的反射光

【測試結果】Reflected Light（反射光）

黑色紙的反射光	白色紙的反射光
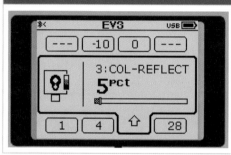	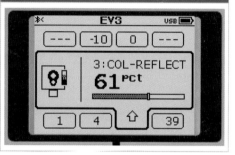

【測試顏色】請你準備七張紙（黑、藍、綠、黃、紅、白、棕色及無色），
　　　　　　分別放在「顏色感測器」下方。

【測試結果】

黑色紙	藍色紙	綠色紙	黃色紙
3:COL-COLOR **1**col	3:COL-COLOR **2**col	3:COL-COLOR **3**col	3:COL-COLOR **4**col
紅色紙	白色紙	棕色紙	無色（無法辨識）
3:COL-COLOR **5**col	3:COL-COLOR **6**col	3:COL-COLOR **7**col	3:COL-COLOR **0**col

（四）超音波感測器：

【操作步驟】  /Port View/US-DIST-CM

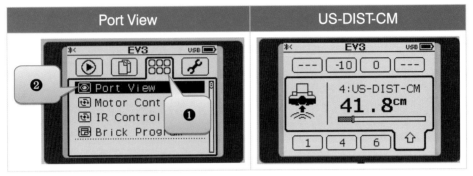

Port View	US-DIST-CM

【測試模式】有三種模式：

在上面的右圖中，按下「中間的確認鈕」可以切換偵測模式：

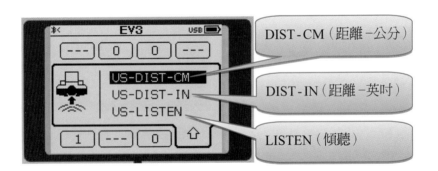

DIST-CM（距離 – 公分）

DIST-IN（距離 – 英吋）

LISTEN（傾聽）

【測試距離-公分】

　　請你將手分別放在「超音波感測器」前面近一點與及前面遠一點。

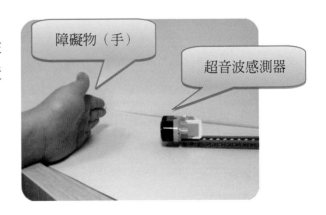

障礙物（手）

超音波感測器

【測試結果】

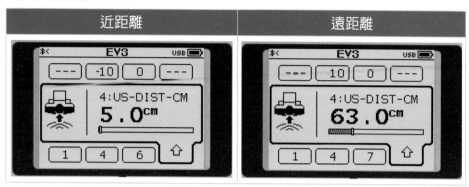

近距離	遠距離

（五）紅外線感測器：

【操作步驟】■/Port View/IR-PROX

Port View	IR-PROX

【測試模式】有三種模式：

在上面的右圖中，按下「中間的確認鈕」可以切換偵測模式：

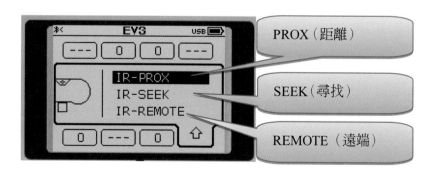

PROX（距離）

SEEK（尋找）

REMOTE（遠端）

EV3 樂高機器人 —— 使用 MakeCode 程式設計

【測試距離】請你將手分別放在「紅外線感測器」前面近一點以及前面遠一
點。測試方式與「超音波感測器」相同。

【測試結果】

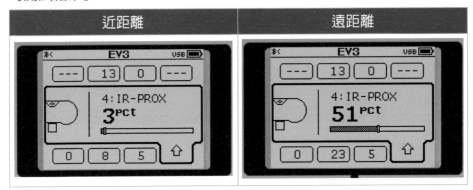

（六）陀螺儀感測器：

【操作步驟】 ▦ /Port View/Gyro-ANG

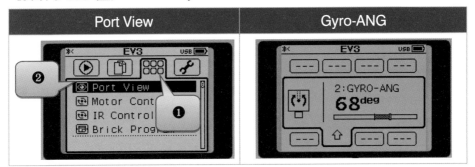

【測試模式】有兩種模式：

在上面的右圖中，按下「中間的確認鈕」可以切換偵測模式：

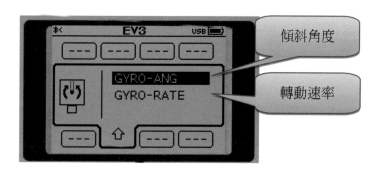

傾斜角度

轉動速率

【測試傾斜】請你以手分別將機器人向左及向右傾斜來偵測不同的值。

「向左」傾斜	「向右」傾斜
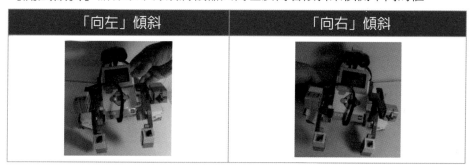	

【測試結果】

向左傾斜	向右傾斜
正值	負值

2-3-4　EV3 主機加裝伺服馬達

　　伺服馬達類似人類的「四肢」，它會依照「EV3 主機程式」或「Make-Code 拼圖程式」的程序，來進行某一特定的動作。

【EV3主機四支伺服馬達】

中型與大型馬達	連接 EV3 主機的 A~D 輸出端
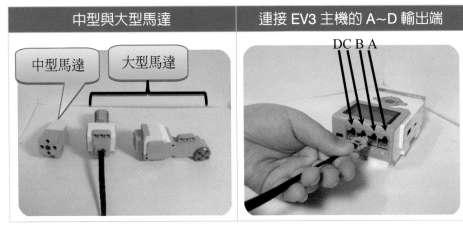	

【說明】

A 連接埠：一般是用來連接「小燈泡」、「機器手臂」、「發射器」。

B 連接埠：一般是用來連接機器人「左側馬達」，亦即左輪子。

C 連接埠：一般是用來連接機器人「右側馬達」，亦即右輪子。

D 連接埠：一般是用來連接「機器手臂」、「發射器」或其他特殊用途。

●二、利用「檢視與控制」功能來測試「伺服馬達」

【目的】用來觀看伺服馬達是否正常轉動。

【操作步驟】▦ /Motor Control/A+D

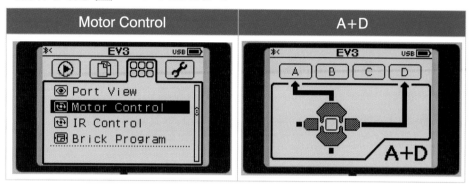

| Motor Control | A+D |

【測試模式】有兩種模式：

　在上面的右圖中，按下「中間的確認鈕」可以切換「B+C」模式：

【測試 B+C】請你利用「上、下鍵」來控制 B 馬達的「正轉與逆轉」，並
　　　　　　且也可以利用「左、右鍵」來控制 C 馬達的「逆轉與正轉」。

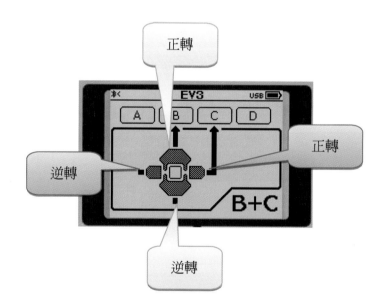

2-3-5 EV3 主機設定藍牙連線

【設定步驟】

1. 按下深灰色 ■ 鈕，來開啓機器人電源，此時螢幕上會顯示最近執行的 EV3 程式。

2. 按 ✪ 之「右鍵」鈕，直到顯示「設定工具」，其螢幕中間會顯示「Bluetooth」。

3. 按 ✪「往下鍵」鈕，選擇「Bluetooth」，再按下深灰色 ■ 鈕。

4. 按 ✪ 之「往上鍵」鈕，選擇「Bluetooth」，再按下深灰色 ■ 鈕。

5. 再按 ✪ 之「往上鍵」鈕，選擇「Visibility」，再按下深灰色 ■ 鈕，用來設定可被其他裝置找到。

6. 按 ■ 回上一層鈕，即可完成開啓 EV3 主機的藍牙功能。

【圖示說明】

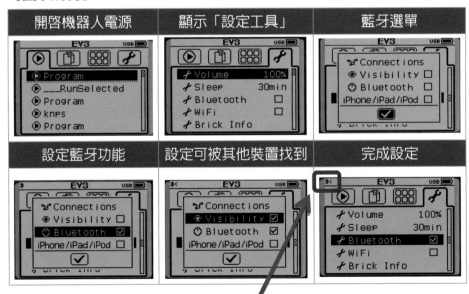

註 此時，螢幕的左上角會出現「✳」圖示，代表藍牙已開啓，尚未與其他裝置連接。

2-3-6　EV3 主機設定相關參數及管理檔案

　　在 EV3 主機中，它允許使用者設定「操作按鈕的音量大小」、「自動休眠時間」及「查看 EV3 主機資訊」等功能。

●一、設定操作按鈕的音量大小

【目的】用來調整不同的音量，以符合個人化的需求。

【操作步驟】設定工具 /Volume

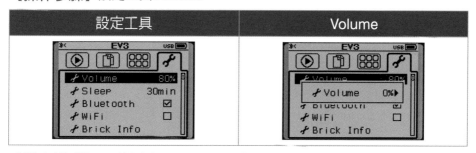

設定工具	Volume

【設定模式】0%（靜音）~100%（最大聲）

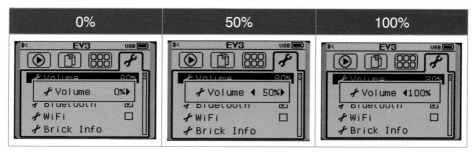

0%	50%	100%

註 利用「左、右鍵」來設定，並且間隔值為 10%。

●二、設定EV3的休眠時間：等待進入休眠狀態（亦即自動關機）

【目的】用來節省電力、降低功耗。

【操作步驟】設定工具 /Sleep

設定工具	Sleep/never
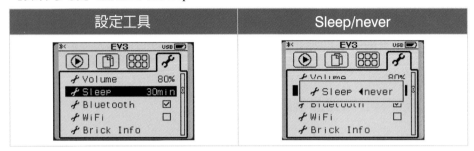	

【設定模式】您可以設定 2、5、10、30、60 分鐘或 Never（直到沒電爲止）

30	60	Never

● 三、「查看EV3主機資訊」等功能。

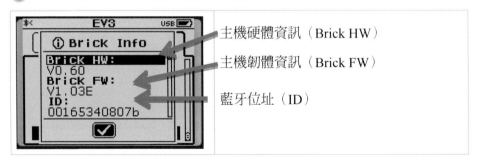

主機硬體資訊（Brick HW）

主機韌體資訊（Brick FW）

藍牙位址（ID）

2-4 EV3主機中撰寫簡易控制程式

其實在 EV3 主機中，它提供使用者不需使用電腦，而是直接在 EV3 主機上撰寫程式（又稱爲 EV3 主機程式；Brick Program）。

【目的】

1. 測試馬達或感測器的功能。

2. 撰寫簡單自動測試程式。

【操作步驟】檢視與控制 / Brick Program /

檢視與控制	Brick Program	全部的拼圖指令集
	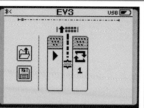	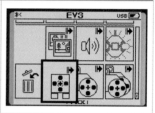

【步驟】

1. 在「檢視與控制」清單中，找到「Brick Program」選項後，再按「深灰色」的確認鈕。

2. 在「Brick Program」程式編輯環境中，預設會出現「開始」與「迴圈」兩個拼圖指令，請再按「往上鍵」即可看到「全部的拼圖指令集」，以便讓設計者加入想要的「拼圖指令」。

3. 在「全部的拼圖指令集」環境中，您可以利用「上、下、左、右」的方向鍵來選擇想要加入的指令，再按「深灰色」的確認鈕。

4. 反覆 2 與 3 步驟，即可完成較複雜的控制程序。

5. 最後，利用「向左」鍵回到「開始」拼圖指令，再按「深灰色」的確認鈕，即可啟動 EV3 主機來執行「Brick Program」程式了。

2-4-1　撰寫第一支 EV3 主機程式

在我們了解 EV3 主機程式的開發環境之後，接下來，我們開始利用主機來撰寫第一支 EV3 主機程式。基本上，要撰寫一支 EV3 主機程式必須要有兩個步驟。

步驟一：利用內建的「拼圖指令」來完成控制程序。

步驟二：測試執行結果。

【實作】使用「觸碰感測器」

　　機器人在「往前走」時，如果「觸碰感測器」觸碰到「障礙物」時，就會馬上「往後退」持續 2 秒後「停止」。

【參考解答】

步驟一：利用內建的「拼圖」來完成五個程序。

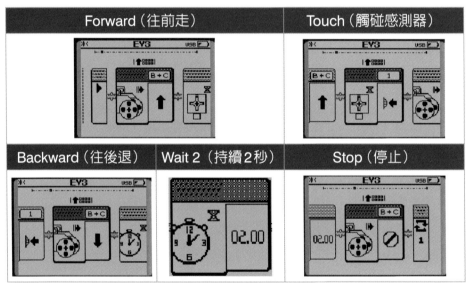

步驟二：測試執行結果。

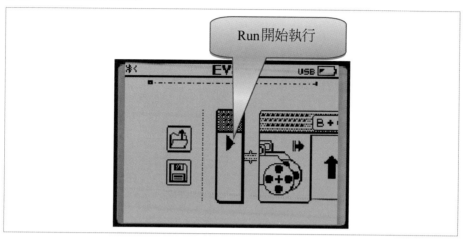

註 EV3 主機程式雖然可以撰寫基本的機器人程式，但是，對於比較複雜的應用，例如：利用顏色感測器的反射光來決定馬達的速度，就必須要使用 MakeCode 拼圖程式（在「電腦」上撰寫）。

2-4-2　儲存／讀取 EV3 主機程式

當我們每撰寫完成一支 EV3 主機程式之後，也可以馬上儲存起來，否則，每次都必須要再重新撰寫，是件麻煩的事。

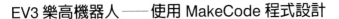

EV3 樂高機器人 —— 使用 MakeCode 程式設計

【儲存方法】

【說明】

1. Save 圖示：在您撰寫完成程序之後，按 Run 圖示時在左手邊。

2. 輸入檔名：預設名稱爲 BrkProg_×××。

　(1) 利用「左右鍵」來選擇英文字或數字，再按確認鈕。

　(2) 利用「左右鍵」來選擇「✔」符號，再按「確認鈕」來確認「儲存」。

【讀取檔名方法】

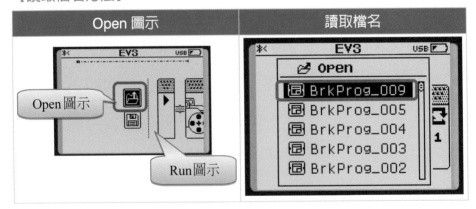

【說明】

1. Open 圖示：當你儲存完成之後，可以透過 Open 圖示讀取。

2. 讀取檔名：在檔案清單中選擇欲讀取的檔名。

課 後 習 題

1. 請撰寫出機器人程式的三部曲？並繪出此三部曲的流程圖。

2. 請說明EV3主機上的「觸碰、顏色、超音波」三種感測器是用來模擬人類的哪些器官呢？

3. 請撰寫「Brick Program」程式來使用「觸碰感測器」，製作一臺線控機器人（前後走），反覆進行。

4. 請撰寫「Brick Program」程式使用「觸碰感測器」+「光源感測器」，來製作一臺機器人在「往前向」時，如果「觸碰感測器」被壓一下時，就會馬上「往後退」直到「光源感測器」偵側到「黑色」才會「停止」，反覆進行。

Chapter 3

樂高機器人的程式開發環境

● 本章學習目標 ●

1. 讓讀者了解如何下載及安裝樂高機器人的 MakeCode 軟體。

2. 讓讀者了解如何利用 MakeCode 程式來撰寫樂高機器人程式。

● 本章內容 ●

3-1 樂高機器人的程式開發環境

當我順利組裝一臺樂高機器人，也了解機器人的輸入端、處理端及輸出端的硬體結構之外，各位讀者一定會迫不及待想寫一支程式來玩玩看。那麼既然想要寫程式，那你不得不先了解樂高機器人的程式開發環境。

基本上，控制樂高機器人的程式，目前大部分被使用的有以下兩種：

第一種為 EV3 開發環境：圖塊拼圖式的開發介面，軟體由樂高官方下載及安裝，適合國小及國中學生。

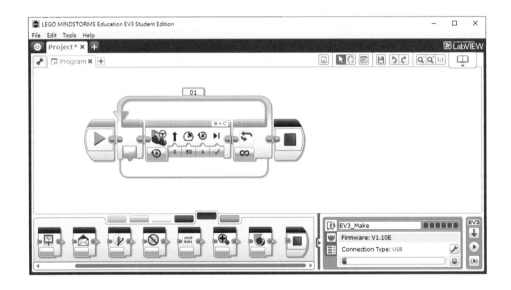

第二種為 MakeCode 圖控開發環境：它是以 Microsoft MakeCode 為基礎的程式設計環境，適合國小高年級以上學生。

3-2 下載及安裝樂高機器人的MakeCode軟體

　　當我們組裝完成一臺樂高機器人及了解基本硬體元件之後，接下來，我們就可以到樂高機器人的官方網站下載控制它的軟體，就是所謂的「MakeCode」拼圖程式軟體。

3-2-1　EV3 更新韌體

　　由於學習者目前購買的 EV3 主機大部分的版本都是 V1.10E 以下的版本，如果沒有更新韌體，無法使用 MakeCode 程式來控制樂高機器人。如何查詢請參考第二章的 2-3.2 EV3 主機的硬體元件及功能選單。

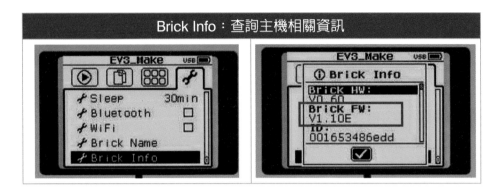

如果你的 EV3 主機版本不是 V1.10E 時，請依照以下的步驟來進行：

步驟一：下載EV3更新韌體程式

https://education.lego.com/en-us/support/mindstorms-ev3/firmware-update

檔案名稱：LME-EV3_Firmware_1.10E.bin

● 步驟二：下載EV3教育組教學軟體

https://education.lego.com/en-us/downloads/mindstorms-ev3/software

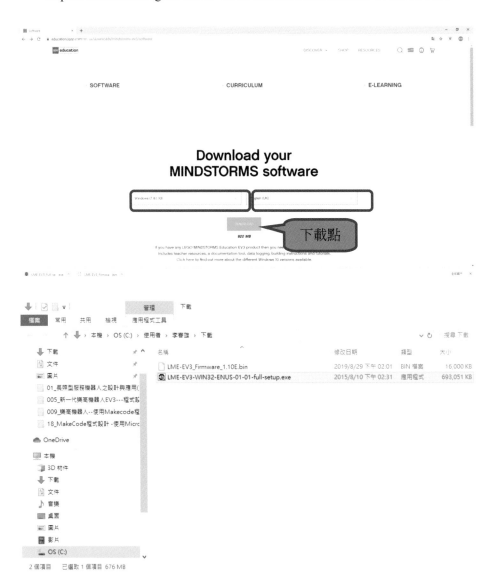

檔案名稱：LME-EV3-WIN33-ENUS-01-01-full-setup.exe

步驟三：安裝「EV3教育組教學軟體」並開啟程式

(1) 選擇安裝目錄（建議使用預設目錄）

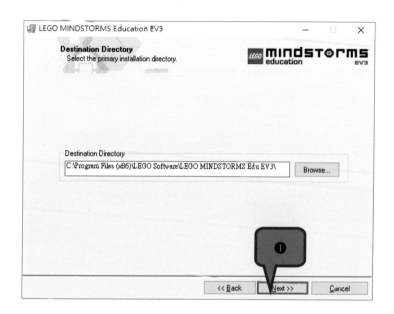

(2) 選學生版或教師版

(3) 同意授權許可

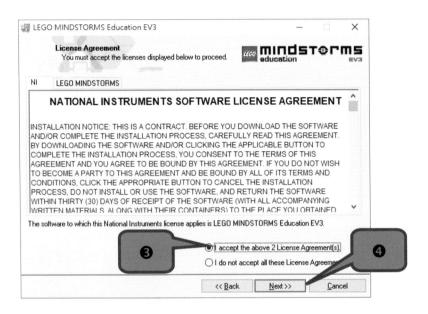

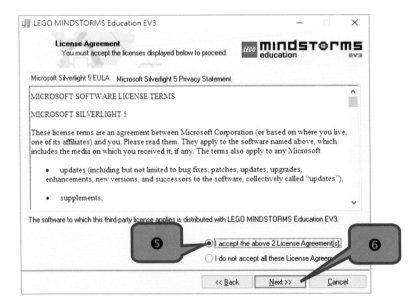

(4) 開始安裝

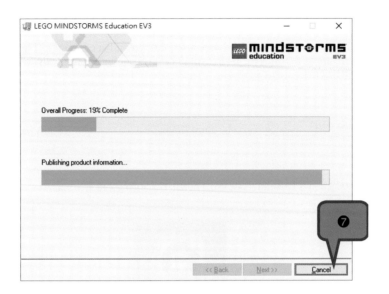

(5) 安裝完成

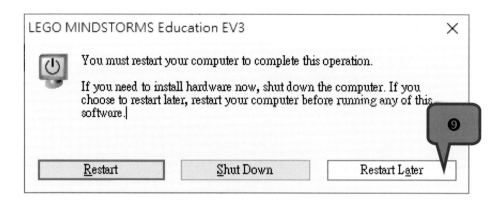

此時，您的電腦桌面上就會自動顯示 Lego 教育版的圖示

檔案名稱：LEGO MINDSTORMS Education EV3

● 步驟四：更新EV3韌體

(1) EV3 主機透過 USB 線接上電腦

(2) 開啟 LEGO MINDSTORMS Education EV3

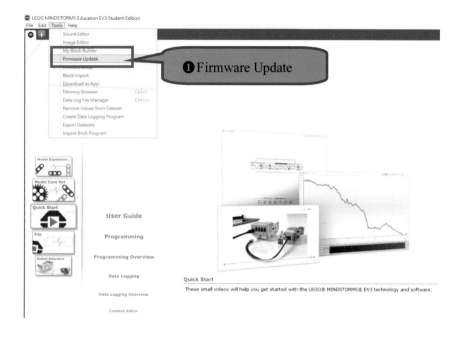

(3) 瀏覽 V1.10E 版檔案

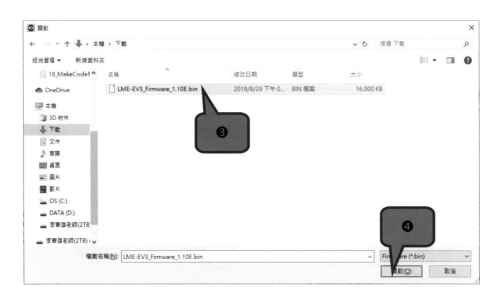

(4) 下載 V1.10E 版檔案

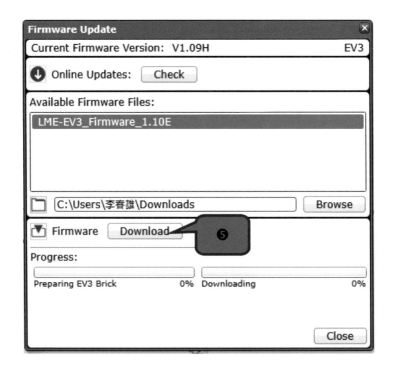

(5) 開始安裝 V1.10E 版檔案

Firmware Update

Current Firmware Version:

⬇ Online Updates:　[Check]

Available Firmware Files:

LME-EV3_Firmware_1.10E

[C:\Users\李春雄\Downloads]　[Browse]

📥 Firmware　[Download]

Progress:

Preparing EV3 Brick　4%　Downloading　0%

[Cancel]　[Close]

(6) 開始成功的畫面

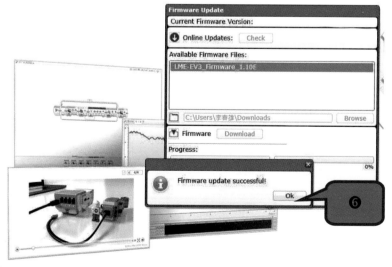

Firmware update successful!　[Ok]　❻

Quick Start

These small videos will help you get started with the LEGO® MINDSTORMS® EV3 technology and software.

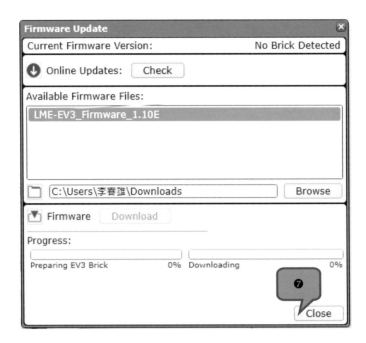

(7) 最後查詢你的 EV3 主機版本。

Brick Info/Brick FW:V1.10E

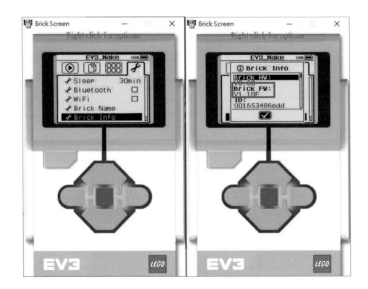

3-3　MakeCode 的整合開發環境

　　如果想利用「MakeCode 圖控程式」來開發樂高機器人程式時，必須要先熟悉 MakeCode 的整合開發環境的介面。

（一）MakeCode 啟動畫面

　　網址：https://MakeCode.mindstorms.com/

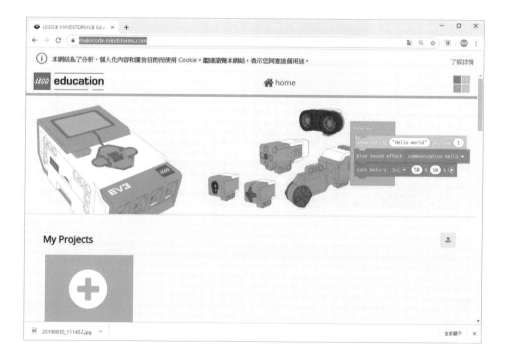

（二）MakeCode 開發介面

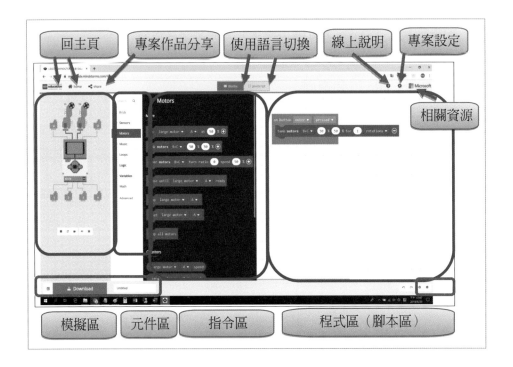

MakeCode for LEGO MINDSTORMS Education EV3 提供的功能如下：

1. 提供「雲端化」的「整合開發環境」來開發專案

   使用 MakeCode 來撰寫 LEGO MINDSTORMS EV3 程式時，只需要透過網絡瀏覽器就可以完成。

2. 提供「群組化」的「元件庫」來快速設計使用者介面

   全部指令元件皆分門別類，提供學習者更容易及輕鬆撰寫程式。

   (1) 基礎類：Brick（EV3 主機輸入及輸出）、Sensors（各種感測器）、Motors（中大型伺服馬達）、Music（各種音效）、Loops（迴圈控制）、Logic（邏輯運算）、Variables（）、Math（數學）。

(2) 進階類：Functions（定義副程式）、Arrays（陣列）、Text（字串處理）、Console（控制臺）、Control（控制）、Extensions（擴展）。

3. 利用「視覺化」的「拼圖程式」來撰寫程式邏輯

開發環境中各群組中的元件都是利用拼圖方式來撰寫程式，學習者可以輕易地將問題的邏輯程序，透過視覺化的拼圖程式來實踐。

4. 支援「娛樂化」的「樂高機器人」製作的控制元件

MakeCode 程式除了可以訓練學習者的邏輯能力之外，並透過控制樂高機器人來引發學習者對於程式的動機與興趣。

5. 提供「多媒體化」的「聲光互動效果」

將顯示圖像設置狀態指示燈和播放聲音。例如，「愛」的情緒將在螢幕上顯示心形，閃爍綠色燈光，並播放叮叮噹噹的聲音效果。

3-4 撰寫第一支MakeCode程式

在了解 MakeCode 開發環境之後，接下來，我們就可以開始撰寫第一支 MakeCode 程式，其完整的步驟如下所示：

● 步驟一：利用USB線來連接EV3與電腦

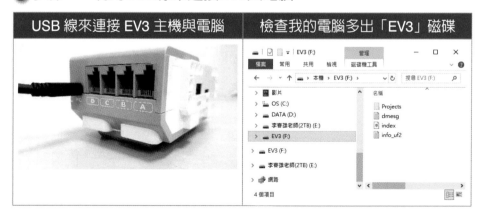

● 步驟二：撰寫「拼圖積木程式」Hello!

1.新增專案

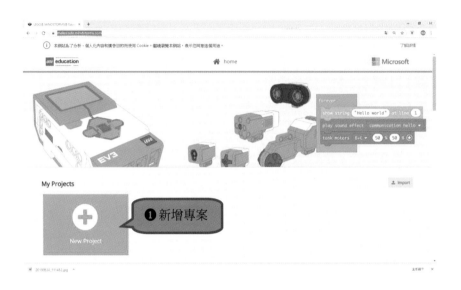

2.撰寫拼圖程式

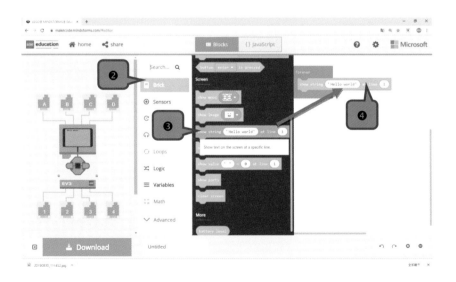

說明：在元件區中，找「基本元件」的顯示文字拼圖指令來顯示「Hello world!」。

● 步驟三：利用模擬器測試

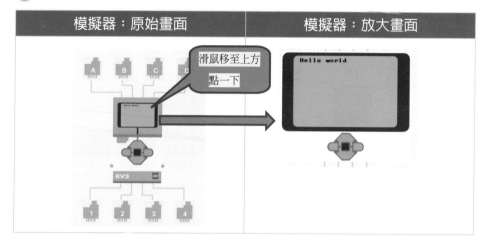

● 步驟四：填入「專案名稱」再按下載

註 下載後的檔案是屬於編譯後的檔案。

●步驟五：嵌入程式到EV3主機上。

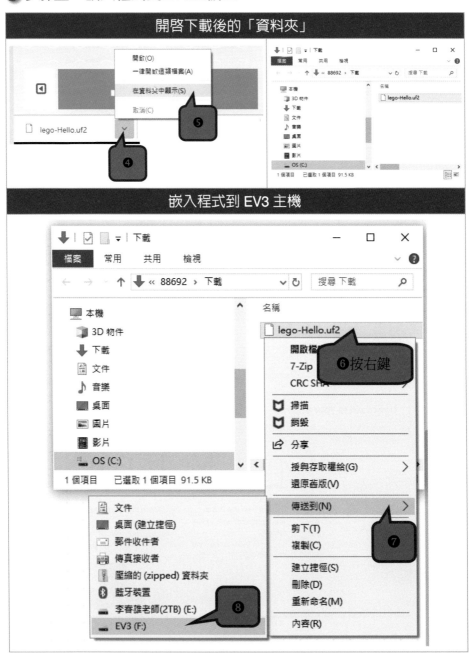

此時，實體的 EV3 主機上的 LED 就會開始閃爍，代表正在將「程式上傳到控制板」中。

　　在順利完成第一支 MakeCode 程式之後，各位同學是否發現 MakeCode 的開發環境中，還有非常多的元件群組，讓學習者設計各種有趣又好玩的程式。

　　例如：

　　1. 隨機抽號

　　2. 彈奏小鋼琴……

3-5 EV3主機「輸入及顯示」元件之應用

【功能】提供使用者透過 EV3 主機上感測器或按鈕來輸入資料。

【應用】

1. 啓動開關

2. 按鈕計數器

3. 擲骰子……

【輸入元件】

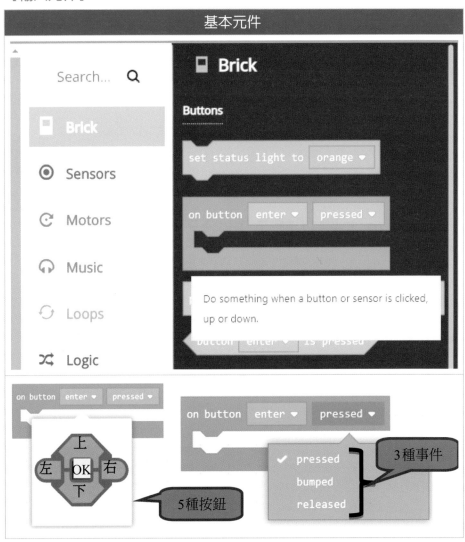

【主題 1】請設計一支程式，可以提供使用者在 EV3 主機上按左、右鈕時，顯示「A,B」字元。

分析：(1) 輸入：左、右按鈕
　　　(2) 處理：當按左鈕時，顯示 'A'
　　　　　　當按右鈕時，顯示 'B'
　　　(3) 輸出：顯示 A 或 B 字元

【流程圖】

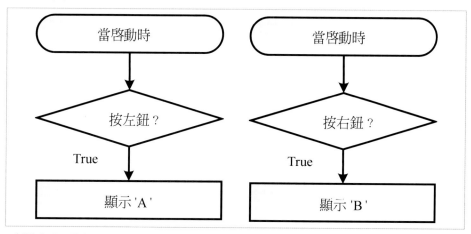

【撰寫程式】

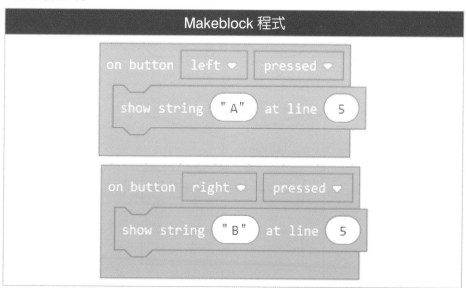

【執行結果】

左按鈕	右按鈕

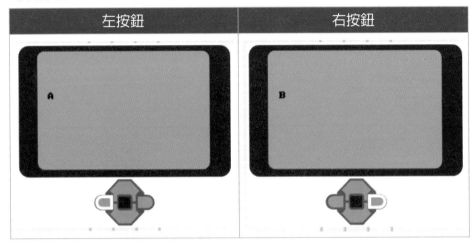

【主題 2】隨機抽號

分析：(1) 輸入：按 ok 鈕
　　　(2) 處理：隨機產生 1～6 點的亂數值
　　　(3) 輸出：顯示亂數值

【流程圖】

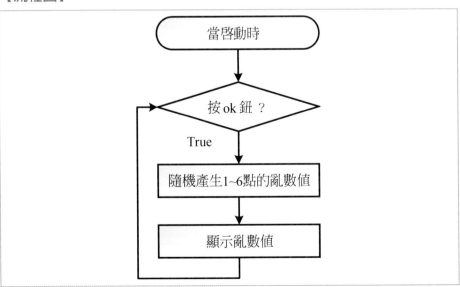

【撰寫程式】

【執行結果】

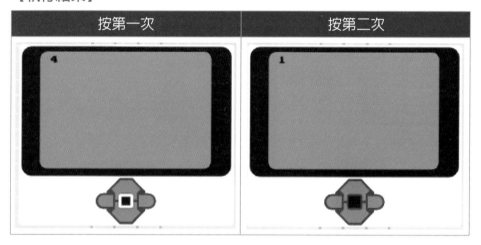

註 您也可以透過 EV3 主機的模擬器測試。

3-6 EV3主機「音效」元件之應用

【功能】提供使用者透過 EV3 主機模擬器來發出各種不同的音階與旋律。

【應用】

1. 模擬彈奏小鋼琴

2. 動態調整演奏速度……

【輸入元件】

● 主題1：小鋼琴

分析：(1) 輸入：上、下、左、右或 OK 按鈕

　　　(2) 處理：當按上鈕時，發出「Do 音」

　　　　　　　當按下鈕時，發出「Re 音」

　　　　　　　當按左鈕時，發出「Mi 音」

　　　　　　　當按右鈕時，發出「Fa 音」

　　　　　　　當按 OK 鈕時，發出「So 音」

　　　(3) 輸出：彈奏小鋼琴聲音

【流程圖】

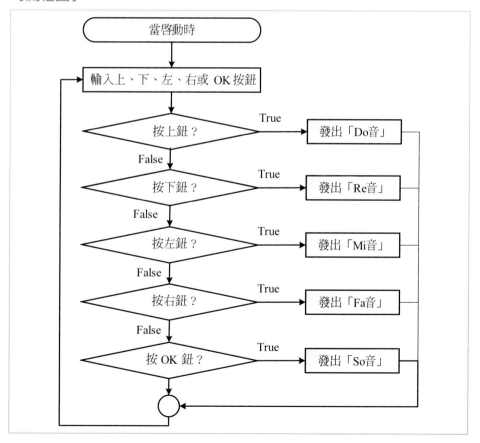

【撰寫程式】

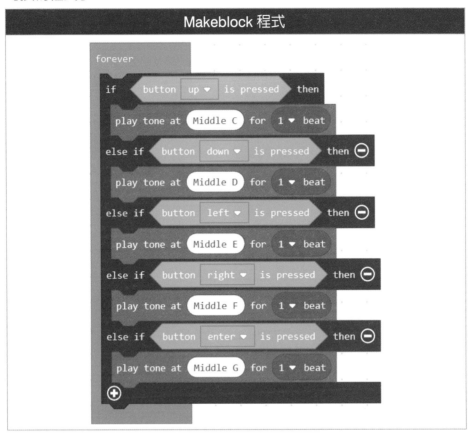

【執行結果】

	上→發出「Do」
	下→發出「Re」
	左→發出「Mi」
	右→發出「Fa」
	OK →發出「So」

課 後 習 題

1. 請問MakeCode軟體來撰寫樂高機器人程式提供哪些功能？

2. 在MakeCode軟體中，「基礎類」群組元件庫可分哪幾類呢？

3. 在MakeCode軟體中，「進階類」群組元件庫可分哪幾類呢？

4. 請利用MakeCode軟體撰寫程式來查詢目前EV3主機鋰電池的相關訊息。例如：level（%），current（I），3.voltage（V）

5. 請利用MakeCode軟體設計「EV3閃避LED」。

Chapter 4

樂高機器人動起來了

● 本章學習目標 ●

1. 讓讀者了解樂高機器人的動作來源──「馬達」的控制方法。

2. 讓讀者了解馬達如何接收其他來源的資料，以作為它的轉速來源。

● 本章內容 ●

4-1 馬達簡介

要讓機器人走動，就必須要先了解何謂伺服馬達，它是指用來讓機器人可以自由移動（前、後、左、右及原地迴轉），或執行某個動作的馬達。

【伺服馬達的圖解】

「大型」伺服馬達	「中型」伺服馬達
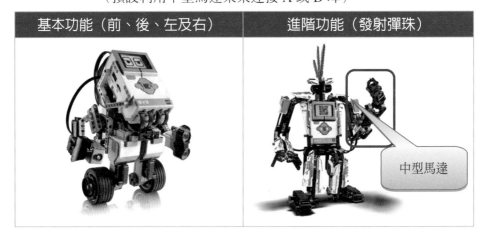	

【說明】伺服馬達內建「角度感測器」，可以精確地控制馬達運轉。

【例如】讓 A 馬達順時針旋轉 30 度，或是逆時針旋轉 5 圈。

【基本功能】前、後、左及右。（預設利用大型馬達來連接 B 與 C 埠）

【進階功能】機器手臂（夾物體、吊車、發射彈珠、打陀螺……等）。

（預設利用中型馬達來來連接 A 或 D 埠）

基本功能（前、後、左及右）	進階功能（發射彈珠）
	中型馬達

4-2 控制馬達速度及方向

　　想要準確控制 EV3 樂高機器人的「前、後、左、右」行走時，那我們就必須先了解如何設定 MakeCode 拼圖程式中「Steer（方向盤式移動模組）」或「Tank（坦克式移動模組）」及設定相關的參數值。

【定義】用來設定「伺服馬達」的連接埠、旋轉方向、轉彎方向、電力大小等參數。

【相同之處】皆可以用來控制機器人「向前、向後、左右轉彎或停止」功能。並且可以調整機器人「直走、弧形走動」。

4-2-1　Move Steer（方向盤式移動模組）

【功能】用來控制機器人「向前、向後、左右轉彎或停止」功能。

【優點】一次控制兩顆馬達的運轉。

【缺點】無法個別控制馬達的電力。

【Move Steering（方向盤式移動模組）的圖示】

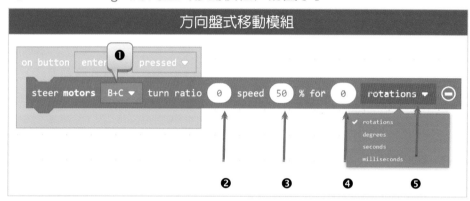

【說明】

❶表示「伺服馬達」連接 B 與 C 兩個埠。您也可以依照情況來調整。

　注意：第一個連接埠 B 是輪型機器人的左側馬達，第二個連接埠 C 則接右側的馬達。

❷表示「伺服馬達」的轉彎方向。設定的範圍為 –100～100。

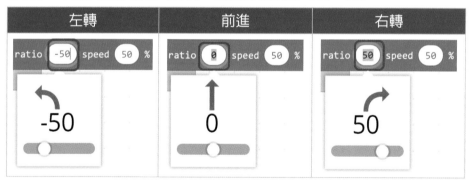

❸表示「伺服馬達」的「輸出電力」也就是調整速度大小。數值愈大，代表速度愈快。

　範圍：–100%～100%，其中，「負電力」時，代表馬達反向轉動，亦即機器人會後退。

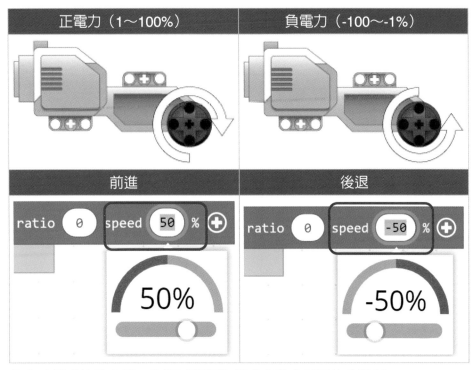

❹表示模式的設定值：依照四種運作模式來設定不同的參數值。

　　①rotations：設定圈數。

　　②degrees：設定轉動度數。

　　③seconds：設定秒數。

　　④milliseconds：設定毫秒。

❺表示用來設定「伺服馬達」的四種運作模式。

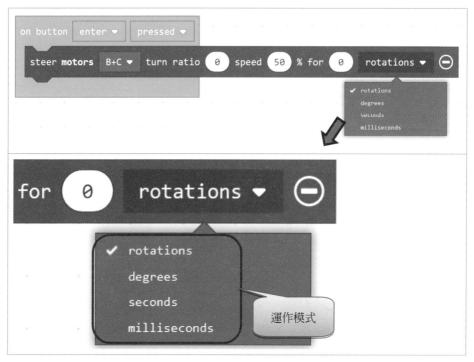

說明：

①rotations：設定圈數。

②degrees：設定轉動度數。

③seconds：設定秒數。

④milliseconds：設定毫秒。

註「伺服馬達」轉動一圈，到底「移動距離」如何設計呢？

◆移動距離（是由輪子大小來決定）

移動距離 = 輪子圓周長 × 馬達轉動圈數

其中：輪子圓周長＝輪子直徑 × 圓周率（≒ 3.14）

代表本輪子的「直徑爲 **4.32** 公分，寬度爲 **2.2** 公分」

範例一　機器人「前進」，直到「觸碰感應器」被壓下時，才會停止。

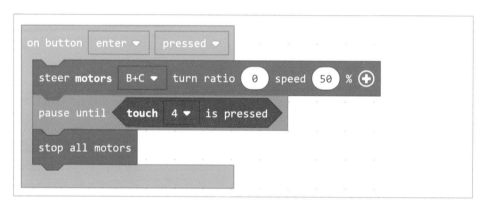

範例二　機器人「前進」2秒鐘後停止。

💡 **範例三**　機器人「前進」2秒鐘，「後退」2圈後停止。

```
on button  enter ▼   pressed ▼
    steer motors  B+C ▼  turn ratio  0   speed  50  % for  2   seconds ▼   ⊖
    steer motors  B+C ▼  turn ratio  0   speed  -50  % for  2   rotations ▼  ⊖
```

💡 **範例四**　機器人「前進」2秒鐘，「後退」2圈，自身右轉90度後停止。

```
on button  enter ▼   pressed ▼
    steer motors  B+C ▼  turn ratio  0    speed  50  % for  2     seconds ▼   ⊖
    steer motors  B+C ▼  turn ratio  0    speed  -50  % for  2    rotations ▼  ⊖
    steer motors  B+C ▼  turn ratio  100  speed  50  % for  1200  degrees ▼   ⊖
```

📝 **註**　此種方法無法個別控制馬達的運轉，因此，無法控制機器人原地迴旋。會有位移的現象。

 4-2-2　Move Tank（坦克式移動模組）

【功能】與 Move Steering（方向盤式移動模組）相同，都是用來控制機器人「向前、向後、左右轉彎或停止」功能。

【優點】可以同時或個別控制馬達的運轉。

【Move Tank（坦克式移動模組）的圖示】

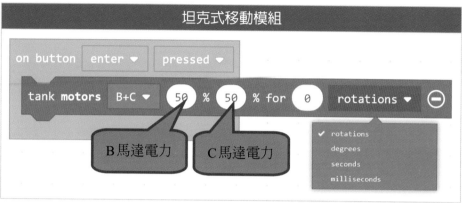

【說明】

1. 設定方法與 Move Steering（方向盤式移動模組）相同。

2. 不同之處：它可以個別控制 B、C 馬達電力，亦即控制行走方向。

💡 **範例一**　機器人「前進」，直到「觸碰感應器」被壓下時，才會停止。

範例二 機器人「前進」2秒鐘後停止。

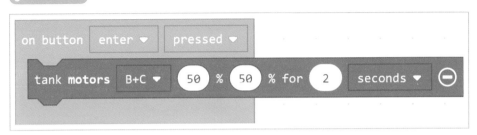

範例三 機器人「前進」2秒鐘,「後退」2圈後停止。

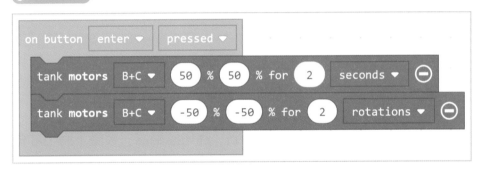

範例四 機器人「前進」2秒鐘,「後退」2圈,自身右轉90度後停止。

```
on button  enter ▼  pressed ▼
    tank motors  B+C ▼   50 %  50 % for   2   seconds ▼  ⊖
    tank motors  B+C ▼  -50 % -50 % for   2   rotations ▼ ⊖
    tank motors  B+C ▼   50 % -50 % for  160  degrees ▼  ⊖
```

註 此種方法可以個別控制馬達的運轉,因此,可以控制機器人原地迴旋。不會有位移的現象。

4-3 讓機器人動起來

在了解馬達基本原理及相關的參數設定之後，接下來，我們就可以開始撰寫 MakeCode 拼圖程式來讓機器人動起來，亦即讓機器人能夠前後行進、左右轉彎、快慢移動。

【示意圖】

雙馬達驅動的機器人，進行「前、後、左、右」。

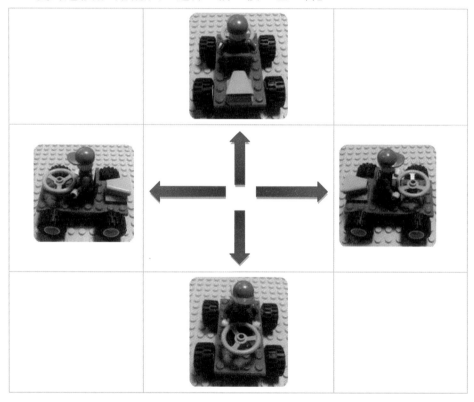

【實作 1】請撰寫 MakeCode 拼圖程式，可以讓機器人馬達前進 3 秒後，自
動停止。

【圖解說明】

【解答】

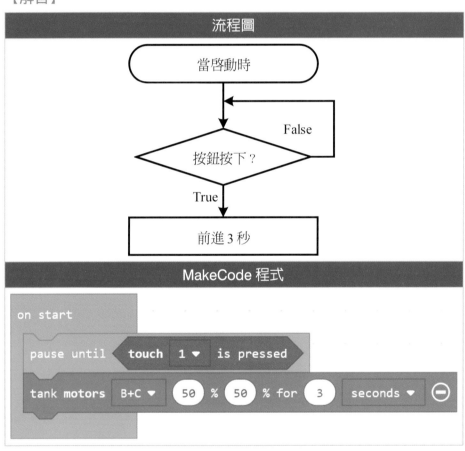

【實作 2】請撰寫 MakeCode 拼圖程式，當使用者按下「按鈕」時，可以讓
　　　　　機器人馬達前進 3 秒後，向右轉 90 度。

【圖解說明】

【解答】

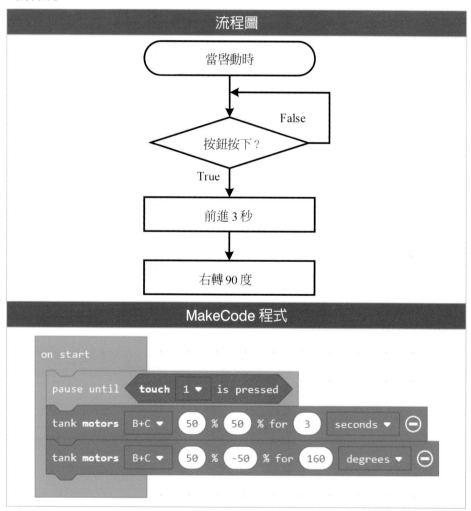

4-4 機器人繞正方形

在前面單元中,我們已經學會如何讓樂高機器人,進行「前、後、左、右」四大基本動作,接下來,我們再來設計一個程式可以讓機器人繞正方形。

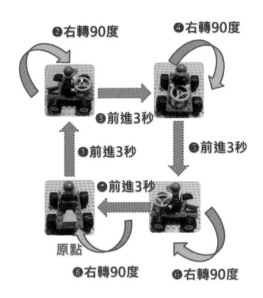

【實作1】

請利用循序結構(沒有使用迴圈),撰寫 MakeCode 拼圖程式,當使用者按下「按鈕」時,可以讓機器人繞一個正方形。

【圖解說明】

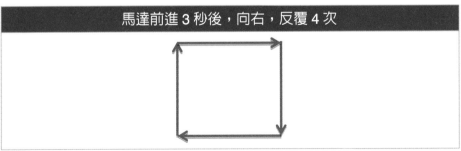

馬達前進 3 秒後,向右,反覆 4 次

【解答】

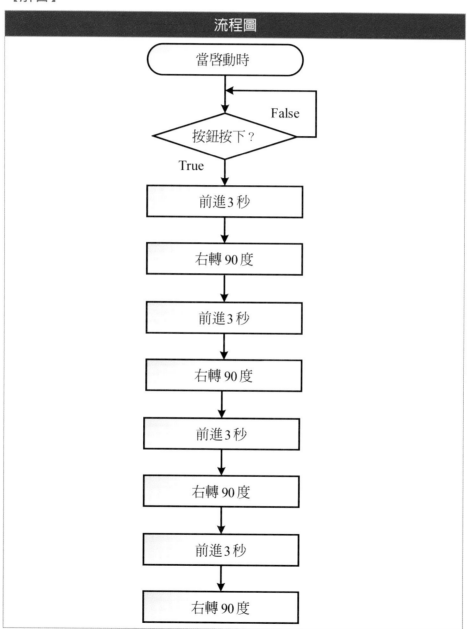

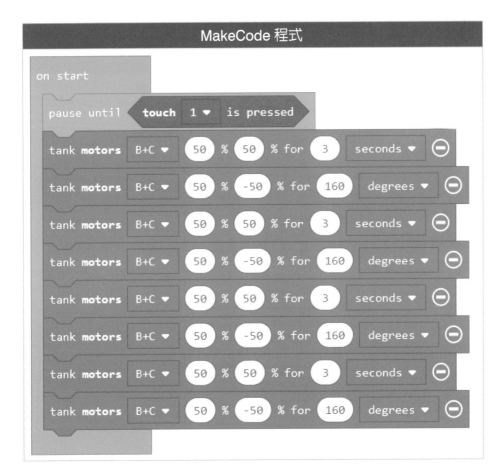

【實作2】

　　請利用「Loop 迴圈」結構，撰寫 MakeCode 拼圖程式，當使用者按下「按鈕」時，可以讓機器人繞一個正方形。

【解答】

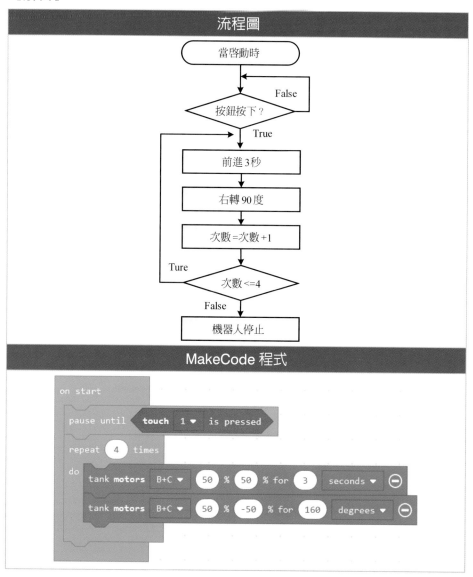

註 「循序」與「迴圈」結構的詳細介紹，請參考本書的第六章。

4-5 馬達接收其他來源

　　假設我們已經組裝完成一臺輪型機器人，想讓機器人在前進時，離前方的障礙物越近時，則行走的速度就變愈慢。此時，我們就必須要再透過「資料線（Data Wire）」來進行傳遞資料。

1. 超音波感應器來控制馬達速度快與慢
2. Random 亂數來控制馬達自行轉彎
3. 光源感應器來控制馬達快或慢

 4-5-1　超音波感應器來控制馬達速度快與慢

【定義】「超音波」偵測的距離來控制馬達的「速度快與慢」。

【範例】將「超音波感應器」偵測的距離輸出後，傳遞給「馬達」中的轉速。

【解答】

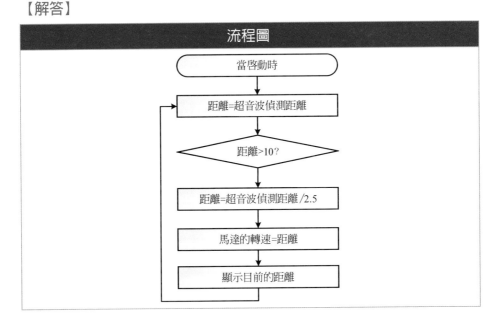

```
MakeCode 拼圖程式

forever
    set  距離 ▼  to  ultrasonic  4 ▼  distance
    if  距離 ▼  > ▼  10  then
        set  距離 ▼  to  距離 ▼  ÷ ▼  2.5
        steer motors  B+C ▼  turn ratio  0  speed  距離 ▼  % ⊕
        show number  距離 ▼  at line  1
    ⊕
```

【說明】

1. 馬達轉速的絕對值為 100。

2. 超音波感應器的偵測距離長度約為 250cm，因此，250/100=2.5

3. 所以，每當超音波偵測長度除以 2.5 就能夠將馬達的轉速正規化。

 ## 4-5-2　Random 亂數來控制馬達自行轉彎（會跳舞）

【定義】利用 Random 亂數值來控制馬達的「左轉或右轉」。

【範例】

　　將「Random 拼圖」的傳回值，傳遞給「馬達」中的轉速。亦即讓機器人自己決定前進方向。

【解答】

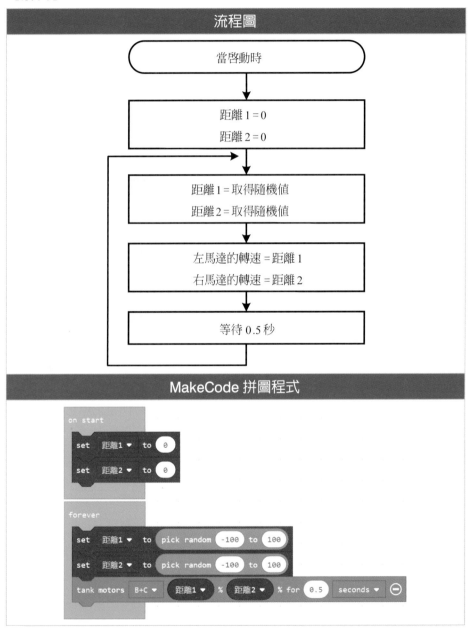

【設定關鍵參數】−100 代表後退，100 代表前進。

課後習題

1. 當按下「碰觸感測器」時，機器人前、後各2秒，左、右轉皆90度，最後回到原點（1次）。

2. 承上一題，每按一次「碰觸感測器」時，就會執行以上五個動作。直到關機為止。

3. 機器人自動倒車入庫_Tank（坦克式移動模式）。

   說明：

   > 1. 按下磚塊按鈕時，前進 2 圈。
   >
   > 2. 等一下。
   >
   > 3. 倒車 1 圈。
   >
   > 4. 倒車狀態下，左輪施轉 320 度。
   >
   > 5. 再倒車 0.6 圈。

Chapter 5

資料與運算

● 本章學習目標 ●

1. 讓讀者了解 MakeCode 開發環境中，變數的宣告、維護及顯示方式。

2. 讓讀者了解 MakeCode 開發環境中，變數資料的各種運算（關係運算、邏輯運算……）。

● 本章內容 ●

5-1 變數

【定義】是指程式在執行的過程中，其「內容」會隨著程式的執行而改變。

【概念】將「變數」想像成一個「容器」，它是專門用來「儲放資料」的地方。

【示意圖】

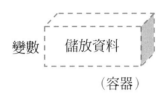

變數　儲放資料

（容器）

【目的】

1. 向系統要求配置適當的主記憶體空間。

2. 減少邏輯上的錯誤。

【例如】

A=B+1

其中 A、B 則是變數，其內容是可以改變的。

【圖解說明】

執行的過程	變數的內容變化
A=0：B=1　　A=B+1	A　0→2 B　1

5-1-1　宣告變數的步驟

　　在撰寫 MakeCode 拼圖程式時，時常會利用到資料的運算，因此，必須要先會寫宣告變數。其步驟如下：

● 步驟一：程式區 / Variables / Make a Variable

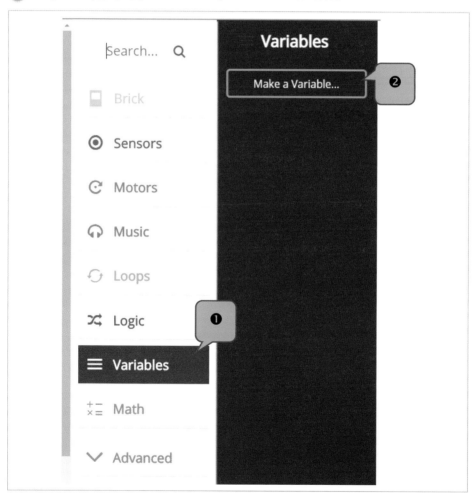

● 步驟二：宣告一個變數名稱為：距離

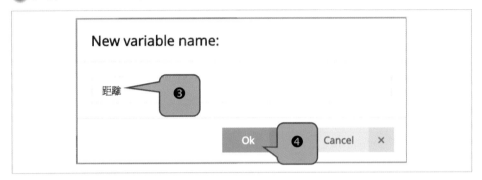

● 步驟三：顯示「變數」的相關拼圖積木及內容

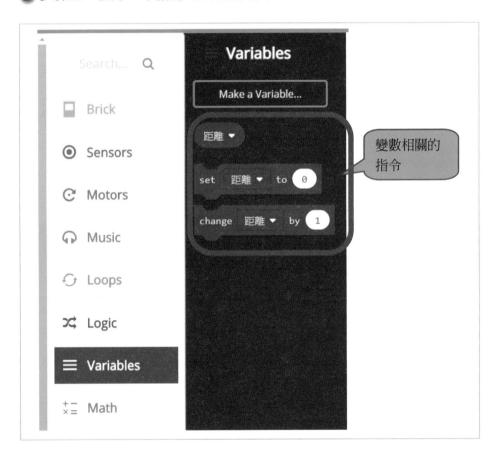

5-1-2　變數的呈現

基本上，一旦宣告完成變數之後，我們可以將其顯示在EV3的螢幕上。

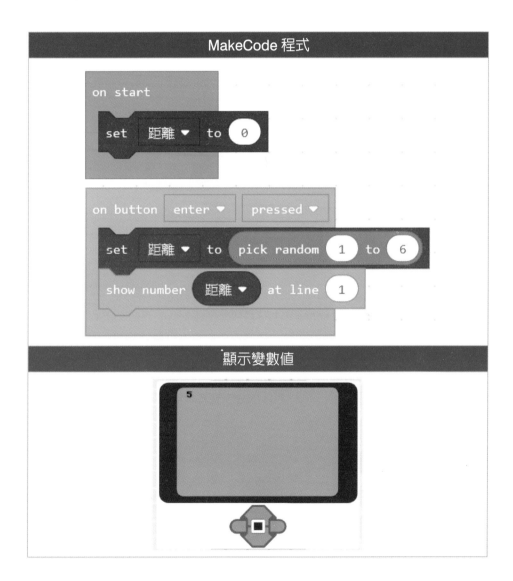

5-1-3　變數的維護

　　基本上，當我們在撰寫資料運算的程式時，往往會宣告不少的變數，如果一開始沒有命名有意義的名稱，會影響爾後的維護工作。因此，如果想要重新命名變數名稱及刪除某一變數名稱，其方法如下：

刪除某一變數

 5-1-4　變數資料運算

在 MakeCode 拼圖程式中，資料的運算大致上可分為以下五種：

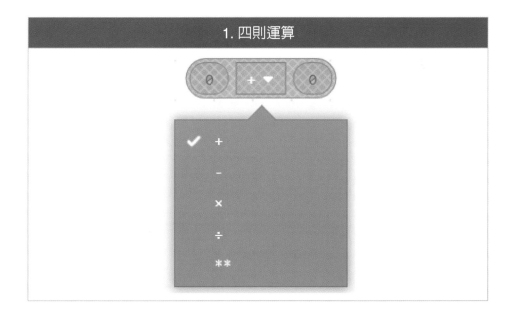

1. 四則運算

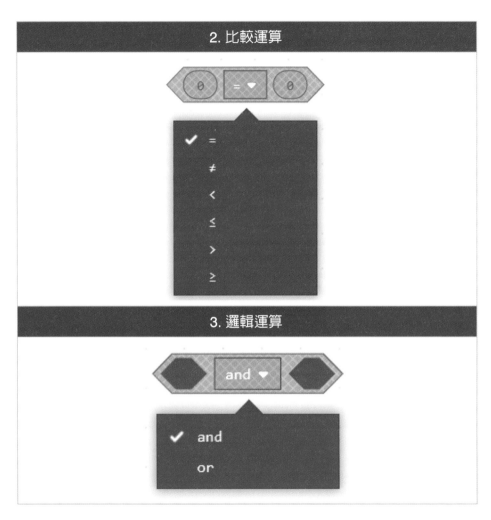

4. 字串運算

5. 數學運算

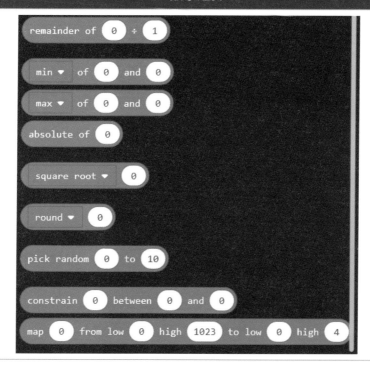

5-2 指定運算

【定義】將「右邊」運算式的結果指定給「左邊」的運算元（亦即變數名稱）。

【方法】從「=」指定運算子的右邊開始看。

【例子】Sum=0

指定

運算元（變數名稱）	指定運算子	運算式的結果
Sum	**=**	**0**

【圖解說明】

【拼圖程式表示方法】

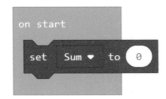

【說明】

1. 將變數……的值設為……是就「指定運算子」。

2. 將右邊的數字 0 指定給左邊的「Sum」變數。換言之，將「Sum」變數設
   定為 0。

5-3 四則運算

【引言】在數學上有四則運算，而在程式語言中也不例外。

【目的】是指用來處理使用者輸入的「數值資料」進行四則運算。

【數學運算拼圖指令】

拼圖	功能	例子	結果
0 + ▼ 0	加法	on button enter ▼ pressed ▼ set Sum ▼ to 10 + ▼ 3 show number Sum ▼ at line 1	13
0 - ▼ 0	減法	on button enter ▼ pressed ▼ set Sum ▼ to 10 - ▼ 3 show number Sum ▼ at line 1	7
0 × ▼ 0	乘法	on button enter ▼ pressed ▼ set Sum ▼ to 10 × ▼ 3 show number Sum ▼ at line 1	30

拼圖	功能	例子	結果
0 ÷ ▼ 0	除法	on button enter ▼ pressed ▼ / set Sum ▼ to 10 ÷ ▼ 3 / show number Sum ▼ at line 1	3.3333...
0 ** ▼ 0	求次方	on button enter ▼ pressed ▼ / set Sum ▼ to 10 ** ▼ 3 / show number Sum ▼ at line 1	1000
remainder of 0 ÷ 1	取餘數	on button enter ▼ pressed ▼ / set Sum ▼ to remainder of 10 ÷ 3 / show number Sum ▼ at line 1	1
min ▼ of 0 and 0	求最小值	on button enter ▼ pressed ▼ / set Sum ▼ to min ▼ of 10 and -20 / show number Sum ▼ at line 1	-20
max ▼ of 0 and 0	求最大值	on button enter ▼ pressed ▼ / set Sum ▼ to max ▼ of 10 and -20 / show number Sum ▼ at line 1	10
absolute of 0	求絕對值	on button enter ▼ pressed ▼ / set Sum ▼ to absolute of -20 / show number Sum ▼ at line 1	20

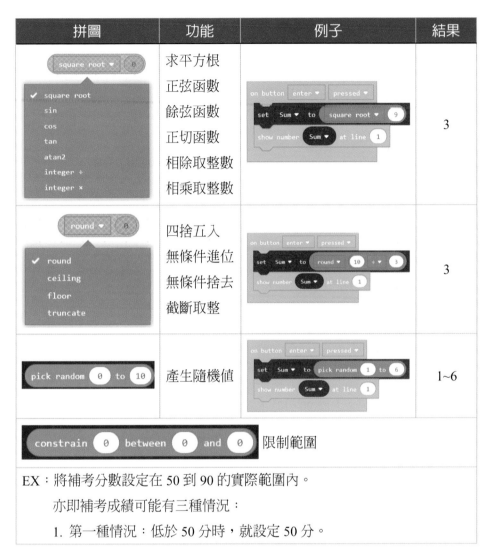

拼圖	功能	例子	結果
square root ▼ / square root / sin / cos / tan / atan2 / integer ÷ / integer ×	求平方根 正弦函數 餘弦函數 正切函數 相除取整數 相乘取整數	on button enter ▼ pressed ▼ / set Sum ▼ to square root ▼ 9 / show number Sum ▼ at line 1	3
round ▼ / round / ceiling / floor / truncate	四捨五入 無條件進位 無條件捨去 截斷取整	on button enter ▼ pressed ▼ / set Sum ▼ to round ▼ 10 ÷ 3 / show number Sum ▼ at line 1	3
pick random 0 to 10	產生隨機值	on button enter ▼ pressed ▼ / set Sum ▼ to pick random 1 to 6 / show number Sum ▼ at line 1	1~6

| constrain 0 between 0 and 0 | 限制範圍 |

EX：將補考分數設定在 50 到 90 的實際範圍內。

　　亦即補考成績可能有三種情況：

　　1. 第一種情況：低於 50 分時，就設定 50 分。

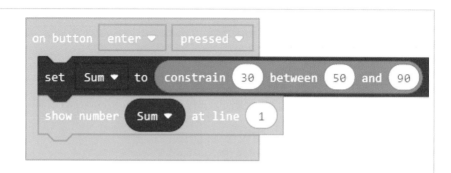

2. 第二種情況：大於 50 分時而小於等於 90，就設定補考的實際分數。

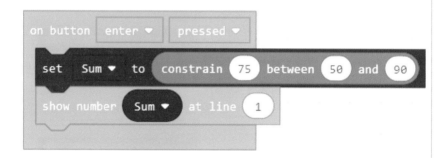

3. 第三種情況：大於 90 分時，就設定 90 分。

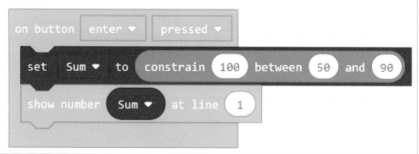

對應某範圍

EX：使用壽命圖來查找 7 歲的狗其「人年」年齡。

```
on button  enter ▾  pressed ▾
    set   DogAge ▾  to  10
    set   PeopleAge ▾  to  map  DogAge ▾  from low  1  high  20  to low  15  high  90
    show number  round ▾    PeopleAge ▾    at line  1
```

【實作一】請設計一個計數器，當每按一下「向上鈕」時，自動加 1，按「向
　　　　　下鈕」鍵時，減 1，當按一下「確認鈕」時，就會自動歸零，反
　　　　　覆執行。

【解答】

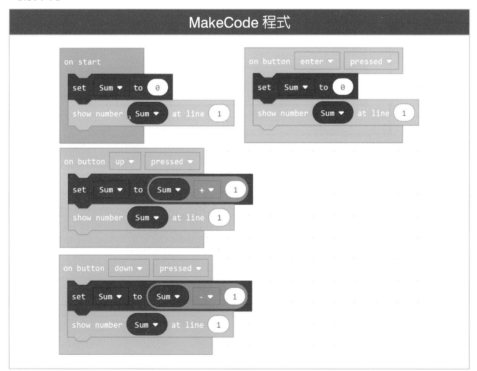

【實作二】利用「超音波感測器」來模擬「自動剎車系統」的「距離與聲音
　　　　　頻率的關係」。假設「距離與頻率的方程式」：
　　　　　頻率（Hz）＝−50* 超音波偵測距離（cm）+2000

【解答】

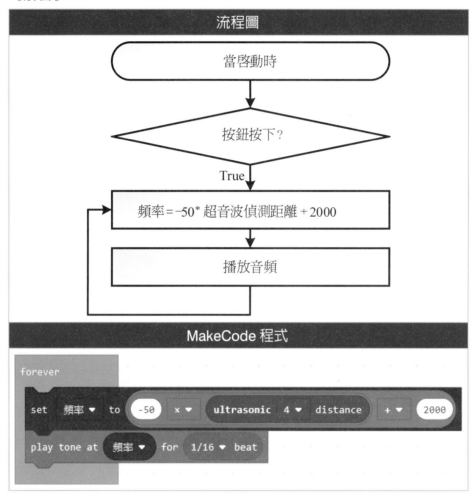

5-4 關係運算

【定義】是指一種比較大小的運算式。因此,又稱「比較運算式」。

【示意圖】

比較大小的關係

【使用時機】「選擇結構」中的「條件式」。

【目的】用來判斷「條件式」是否成立。

【關係運算子的拼圖之種類】假設 A=10,B=20

拼圖	功能	條件式	執行結果
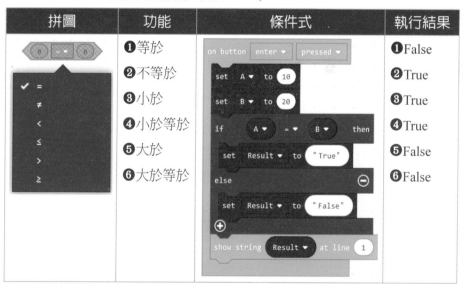	❶等於 ❷不等於 ❸小於 ❹小於等於 ❺大於 ❻大於等於		❶False ❷True ❸True ❹True ❺False ❻False

【注意】關係運算子的優先順序都相同。

【實作一】當使用者按下「按鈕」時，樂高機器人的「超音波感應器」會反覆
　　　　　偵測前方 5 公分是否有障礙物，如果有，則停止，否則繼續前進。

【解答】

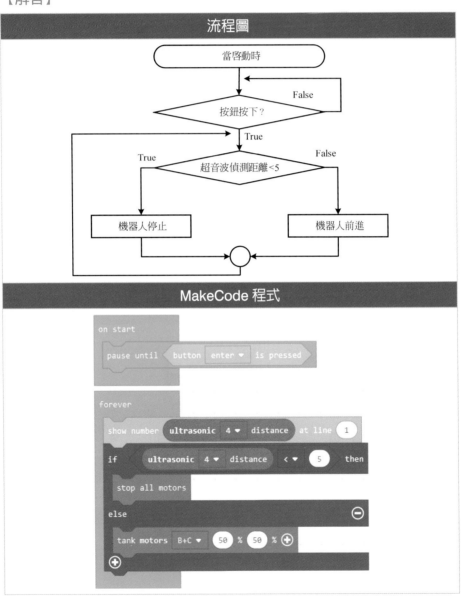

【實作二】當使用者按下「按鈕」時，樂高機器人的「巡線感應器」會反覆
　　　　　偵測地板是否為黑色或白色線，如果偵測為黑色線，則停止，否
　　　　　則前進。

【解答】

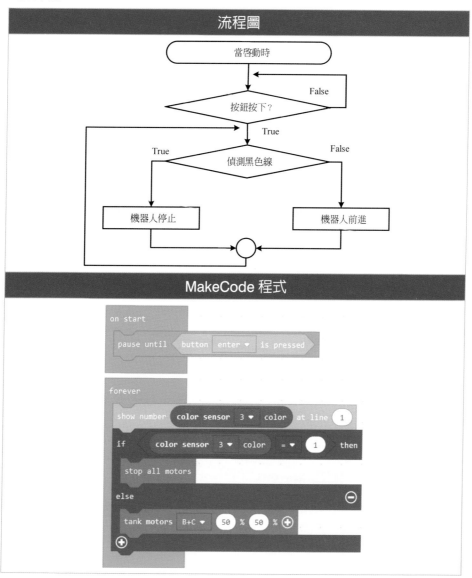

註

偵測七種不同顏色	代碼再確認一下
color	黑色：1 藍色：2 綠色：3 黃色：4 紅色：5 白色：6 棕色：7

5-5 邏輯運算

【引言】

　　是由數學家布林（Boolean）所發展出來的，包括：AND（且）、OR（或）、NOT（反）……等。

【定義】它是一種比較複雜的運算式，又稱為布林運算。

【適用時機】在「選擇結構」中，「條件式」有**兩個（含）以上**的條件時。

【目的】結合「邏輯運算子」與「比較運算子」，以加強程式的功能。

【關係運算子的拼圖之種類】設 A=True,B=False

拼圖	功能	運算式	執行結果
and ▼	AND（且）	A And B	False
or ▼	OR（或）	A Or B	True
not	NOT（反）	Not A	False

【實作一】

　　當按下「按鈕」時，「顏色感應器」偵測到黑色並且「超音波感應器」偵測前方 10 公分有障礙物時，樂高機器人就會停止，否則就會前進。

【解答】

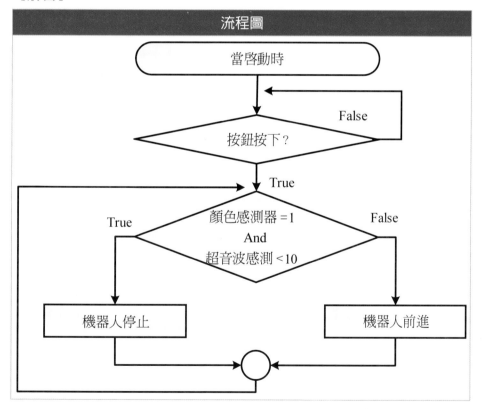

5-6 字串運算

【功能】用來連結數個字串或字串的相關運算。

【目的】更有彈性的輸出字串資料。

【字串運算子的拼圖之種類】

拼圖	功能	範例
length of "Hello"	計算字串字數	on start / set String ▼ to "Hello world" / show number length of String ▼ at line 1
	執行結果	11

拼圖	功能	範例
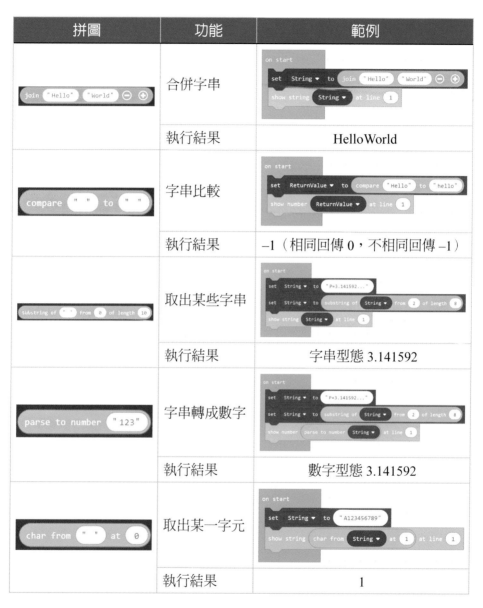	合併字串	
	執行結果	HelloWorld
	字串比較	
	執行結果	–1（相同回傳 0，不相同回傳 –1）
	取出某些字串	
	執行結果	字串型態 3.141592
	字串轉成數字	
	執行結果	數字型態 3.141592
	取出某一字元	
	執行結果	1

【實作一】請輸入身分證字號例如:「A123456789」,判斷它的性別。

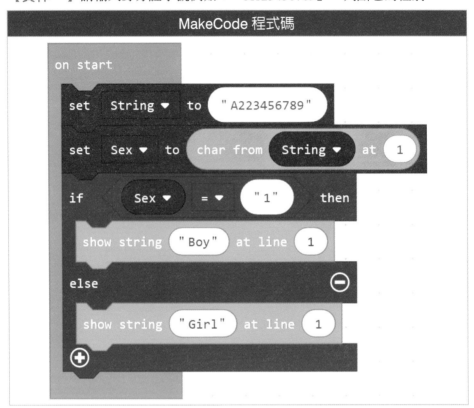

5-7 數學運算

【功能】用來處理各種數學上的運算。

【目的】讓樂高機器人具有數學運算的能力。

【數學運算子的拼圖之種類】

拼圖	功能	常見範例
pick random 0 to 10	亂數	會跳舞的機器人 （利用「亂數值」來決定馬達的方向與速度）
remainder of 0 ÷ 1	取餘數	求奇數或偶數 1. 利用「按鈕」按下的次數值，來控制 LED 的亮與不亮。 2. 自動開關。（奇數：開，偶數：關）
round ▼ 0	四捨五入	將各種感測器的偵測值「整數化」
square root ▼ 0 ❶ square root ❷ sin ❸ cos ❹ {tan / atan2 ❺ integer ÷ ❻ integer ×	數學函數	❶求平方根 ❷正弦函數 ❸餘弦函數 ❹正切函數 ❺相除取整數 ❻相乘取整數

【實作一】會跳舞的機器人（利用「亂數值」來決定馬達的方向）

【解答】

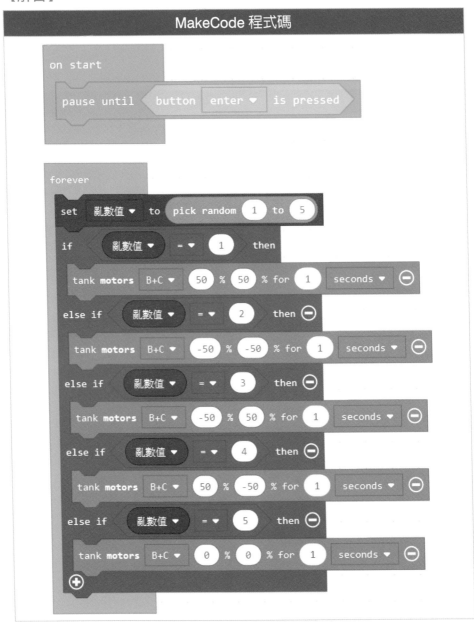

課後習題

1. 利用「按鈕」按下的次數值，來控制LED的亮與不亮。（奇數亮，偶數不亮）

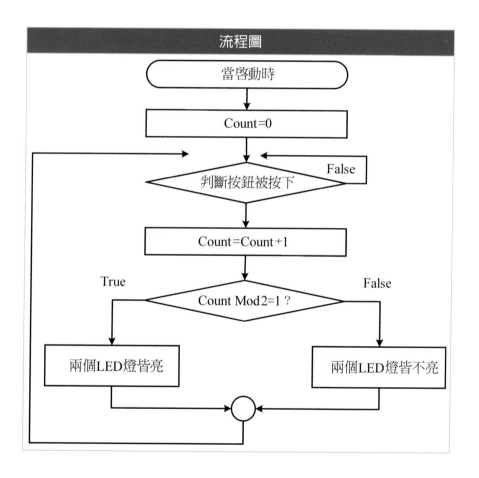

流程圖

當啓動時

Count=0

判斷按鈕被按下 — False

Count=Count+1

Count Mod2=1 ？

True — 兩個LED燈皆亮

False — 兩個LED燈皆不亮

2. 當按下「按鈕」時，「顏色感應器」偵測到黑色或「超音波感應器」偵測前方有障礙物時，樂高機器人就會停止，否則就會前進。

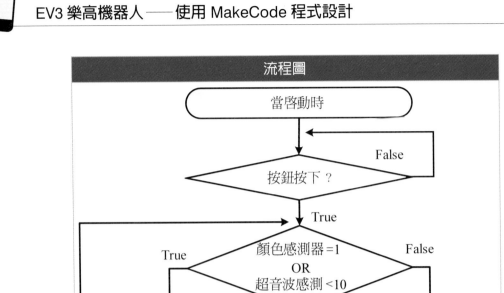

Chapter 6

程式流程控制

● 本章學習目標 ●

1. 讓讀者了解設計樂高機器人程式中的三種流程控制結構。

2. 讓讀者了解迴圈結構及分岔結構的使用時機及運用方式。

● 本章內容 ●

6-1 流程控制的三種結構

【引言】

　　當我們在撰寫 MakeCode 拼圖程式時，往往會依照題目的需求，可能會撰寫一連串的拼圖命令方塊，並且當某一事件發生時，它會根據「不同情況」來選擇不同的執行動作，而且要反覆的檢查環境變化。因此，我們想要完成以上的程序，就必須要學會拼圖程式其流程控制的三種結構。

【流程控制的三種結構】

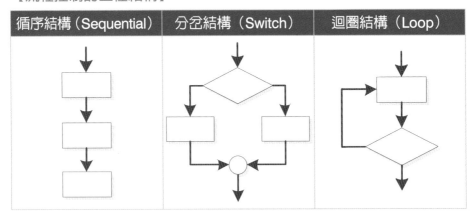

循序結構（Sequential）	分岔結構（Switch）	迴圈結構（Loop）

【說明】樂高程式都是由以上三種基本結構組合而成的。

1. **循序結構（Sequential）**：是指程式由上至下，逐一執行。

【範例】等待使用者按下「按鈕」時，樂高機器人前進 3 秒後停止，再發出「嗶」聲。

【解答】

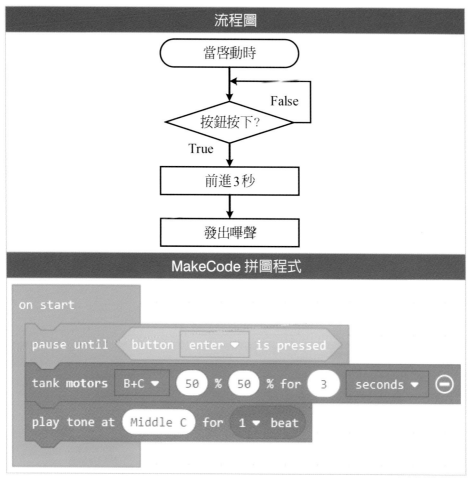

2. **分岔結構（Switch）**：是指根據「條件式」來選擇不同的執行路徑。

　【範例】等待使用者按下「按鈕」時，如果「超音波感測器」偵測距離大於
　　　　 10 時，則樂高機器人前進，否則只會「嗶」一聲。

【解答】

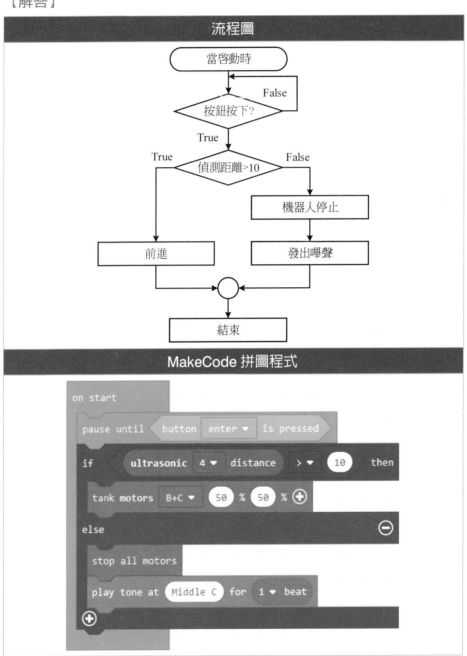

【說明】如果單獨使用分岔結構（Switch），只能偵測一次，無法反覆偵測
　　　　執行。

【解決方法】搭配「迴圈結構（Loop）」，可以讓你反覆操作此機器人的動作。

3.**迴圈結構（Loop）**：是指某一段「拼圖方塊」反覆執行多次。

【範例】等待使用者按下「按鈕」時，如果「超音波感測器」偵測距離大於
　　　　10時，則樂高機器人前進，否則會「嗶」一聲，反覆此動作。

【解答】

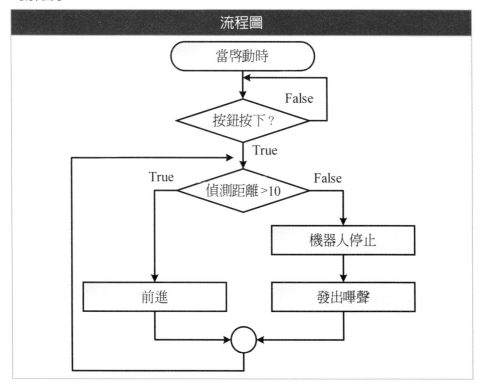

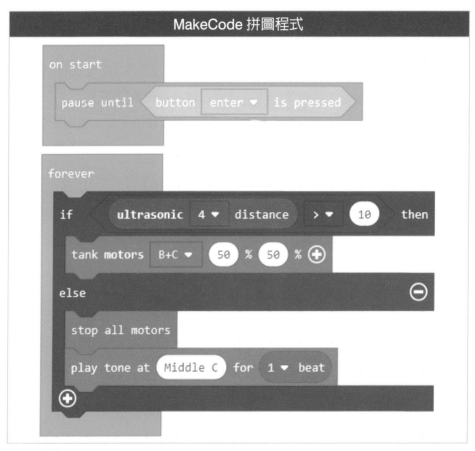

【說明】從上面的拼圖程式，我們就可以了解「反覆執行」某一特定的「判斷事件」就必須使用「迴圈（Loop）＋分岔（Switch）」結構。

6-2 循序結構（Sequential）

【定義】是指程式由上而下，逐一執行一連串的拼圖程式，其間並沒有分岔及迴圈的情況，稱之。

【常用的拼圖方塊】

❶持續前一動作或行為	❷等待某一條件成立

【範例】

　　當樂高機器人的「按鈕」被壓下時，就會開始向前走，等待「超音波感測器」偵測前方有牆壁時，機器人就會回頭，並向前走，直到「巡線感測器」偵測黑線時，機器人就會停止。

【MakeCode拼圖程式】

【解答】

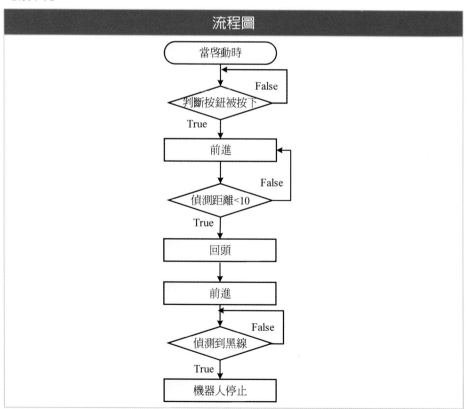

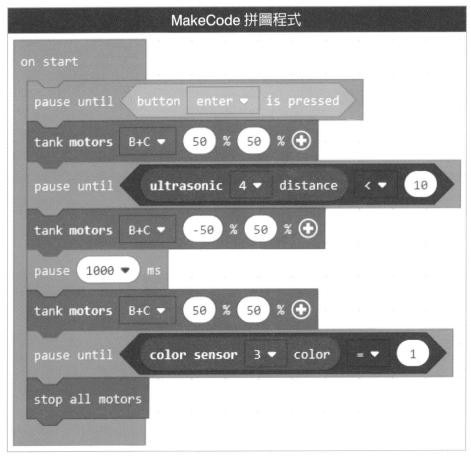

【優點】1. 由左至右,非常容易閱讀。

2. 結構比較單純,沒有複雜的變化。

【缺點】1. 無法表達複雜性的條件結構。

2. 雖然可以表達重複性的迴圈結構,但是往往要撰寫較長的拼圖程式。

【適用時機】

1. 不需進行判斷的情況。

2. 沒有重複撰寫的情況。

【實例分析】

情況一：讓機器人馬達前進 3 秒後，自動停止。

情況二：讓機器人馬達前進 3 秒後，向右轉，再向前走 3 秒。

情況三：讓機器人繞一個正方形。

【圖解說明】

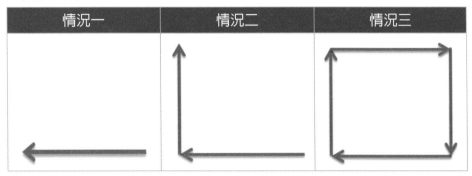

情況一	情況二	情況三

　　在上圖中，「情況三」作法雖然可以使用「循序結構」，但是，拼圖程式會較長，並且非常不夠專業。因此，最好改使用「迴圈結構」。

【機器人繞一個正方形】的兩種方法之比較：

【MakeCode拼圖程式】

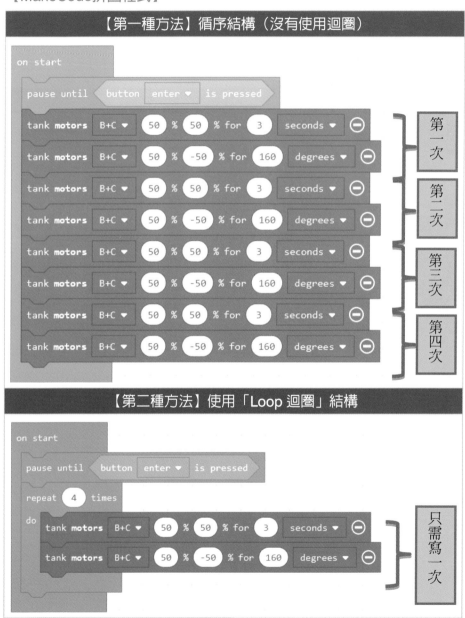

【說明 1】在上圖中，第一種方法拼圖方塊共重複出現 4 次「前進 3 秒，向右轉」。因此，將一組「前進 3 秒，向右轉」抽出來，外層加入一個「Loop 迴圈」4 次即可。

【說明 2】關於迴圈結構的介紹，請參考後面的單元。

6-3 分岔結構（Switch）

【定義】是指根據「條件式」來選擇不同的執行路徑。

【示意圖】

前進 3 圈	選擇不同的執行路徑	左轉或右轉
	向左轉	
	向右轉	

【常用的拼圖方塊】

❶單一分岔結構	❷雙重分岔結構
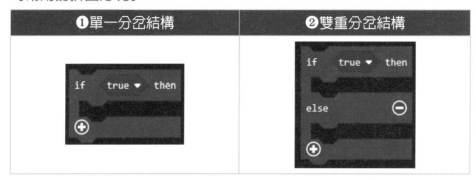	

【優點】可以判斷出各種不同的情況。

【缺點】當條件式過多時，結構比較複雜，初學者較難馬上了解。

【適用時機】當條件式有二種或二種以上。

 6-3-1　單一分岔結構

【定義】是指「如果……就……」。亦即只會執行「條件成立」時的敘述。

【分類】

● 一、單行敘述

【定義】指當條件式成立之後，所要執行的敘述式只有一行稱之。

【拼圖程式】

【流程圖】

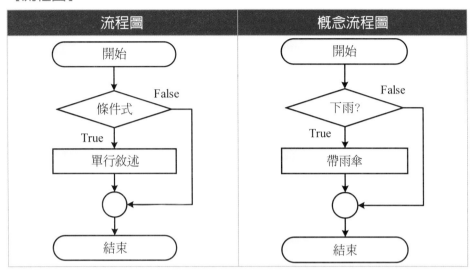

流程圖	概念流程圖

範例一　如果「按鈕」被按時，LED燈就會亮紅燈。

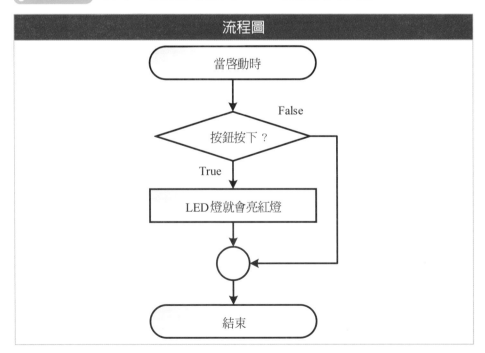

流程圖

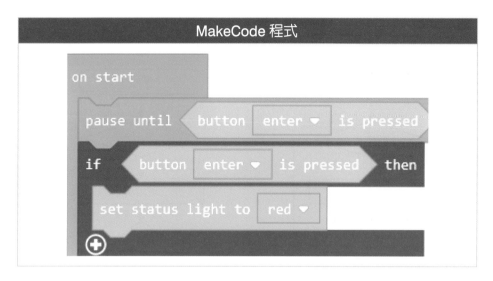

二、多行敘述

【定義】指當條件式成立之後，所要執行的敘述式超過一行以上則稱之。

【拼圖程式】

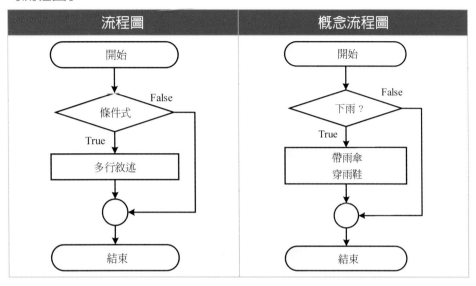

【流程圖】

流程圖	概念流程圖
開始 → 條件式 (False / True) → 多行敘述 → 結束	開始 → 下雨？ (False / True) → 帶雨傘 穿雨鞋 → 結束

💡 **範例二**　如果「按鈕」被按時，LED亮紅燈及發出嗶聲。

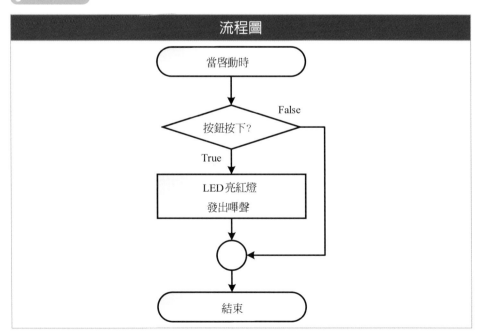

流程圖

當啟動時 → 按鈕按下? (False / True) → LED亮紅燈 發出嗶聲 → 結束

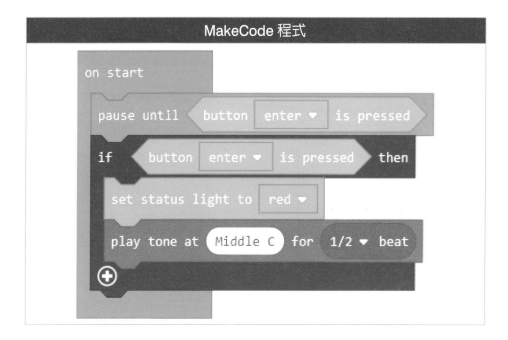

💡 **範例三**

　　如果「按鈕」已按下時，LED1 與 LED2 都會亮紅燈，如果「按鈕」已鬆開時，LED1 與 LED2 就不亮。

【MakeCode拼圖程式】

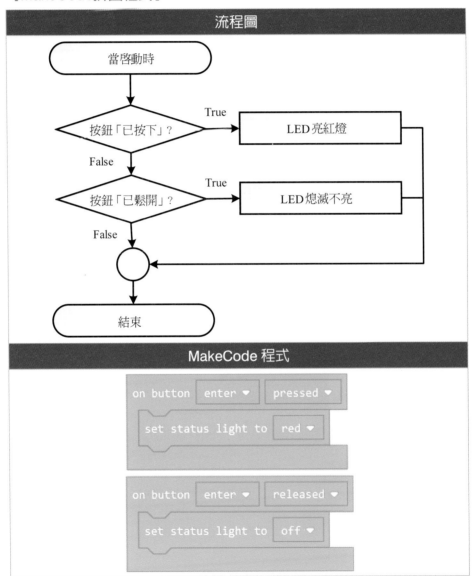

6-3-2　雙重選擇結構

【定義】是指依照「條件式」成立與否,來執行不同的敘述。

【例如】判斷「前進」與「後退」、判斷「左轉」與「右轉」……等情況。

【示意圖】

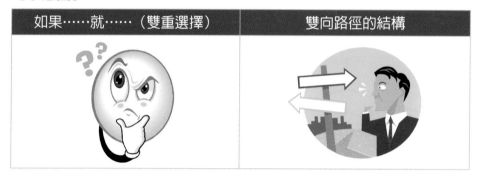

如果……就……（雙重選擇）	雙向路徑的結構

【使用時機】當條件只有二種情況。

【拼圖程式】

【流程圖】

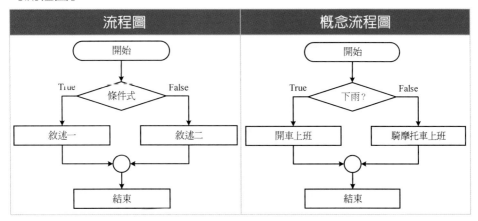

【實作1】

　　如果「按鈕」已按下時，LED 亮紅燈，否則就不亮，

【MakeCode拼圖程式】

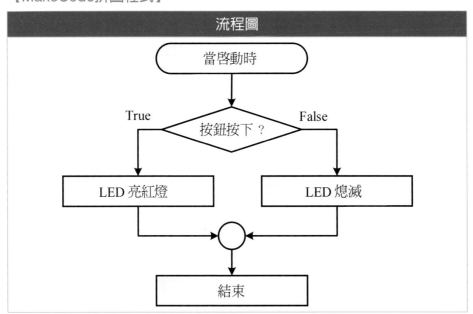

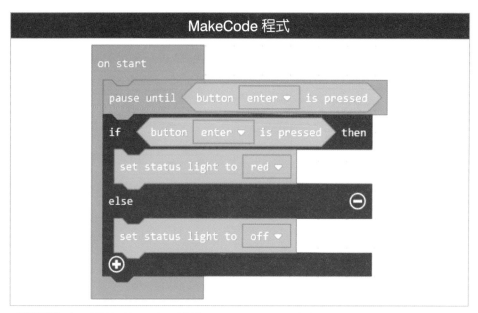

【說明】如果單獨使用分岔結構（Switch），只能偵測一次，無法反覆執行。
其解決方法就是要搭配「迴圈結構（Loop）」，它就可以讓你反覆
操作此機器人的動作。

【實作 2】承上一題，加入「迴圈結構（Loop）」，可以讓我們反覆操作此機器人的動作。

【MakeCode拼圖程式】

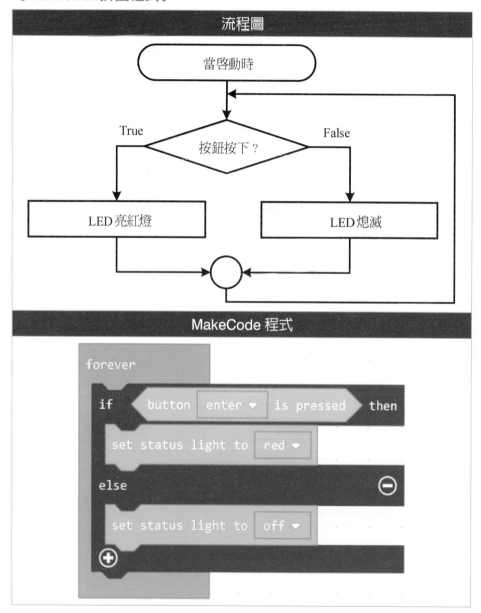

6-4 迴圈結構（Loop）

當我們在撰寫拼圖程式時，往往會依照題目的需求，可能會撰寫一連串的拼圖命令方塊，並且當某一事件發生時，它會根據「不同情況」來選擇不同的執行動作，而且要反覆的檢查環境變化。因此，我們想要完成以上的程序，就必須要學會拼圖程式其流程控制的三種結構。

【流程控制的三種結構】

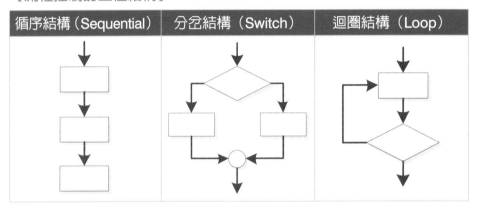

循序結構（Sequential）	分岔結構（Switch）	迴圈結構（Loop）

【說明】程式都是由以上三種基本結構組合而成的。其中，「迴圈結構」是本單元所要介紹的重點。

【定義】是指重複執行某一段「拼圖方塊」。

【常用的拼圖方塊】

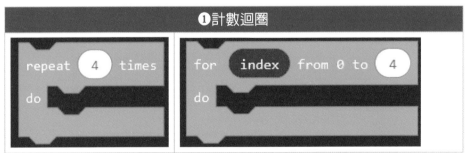

❶計數迴圈

❷無窮迴圈	❸陣列專屬迴圈
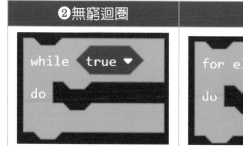	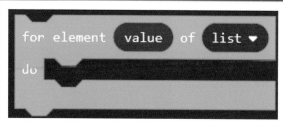

【優點】容易表達複雜性的條件結構。

【缺點】當使用到巢狀迴圈時，結構比較複雜，初學者較難馬上了解。

【適用時機】處理重複性或有規則的動作。

 6-4-1　計數迴圈

【定義】是指依照「計數器」的設定值，來依序重複執行。

【使用時機】已知程式的執行次數固定且重覆時，使用此種迴圈最適合。

【例如】鬧鐘與碼表

【分類】1. 基本迴圈　2. 巢狀迴圈

【拼圖程式】

基本迴圈	
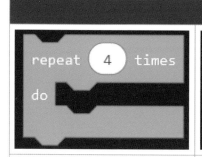	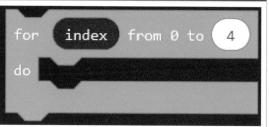
時機：固定執行某一敘述，與計次變數「無關」。	時機：固定執行某一敘述，與計次變數「有關」，亦即可以透過計次變數來控制敘述中的變數。

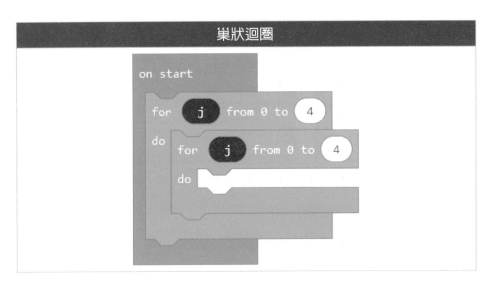

● 一、基本迴圈

【定義】是指單層次的迴圈結構，在程式語言中，它最基本的迴圈敘述。

【使用時機】適用於「單一變數」的重覆變化。

【典型例子 1】$1 + 2 + 3 + \cdots + 10$

【典型例子 2】計時器或倒數計時

【典型例子 3】機器人走正方形

【範例1】當使用者每按一下「按鈕」時，動態顯示1加到10，並顯示出來。

【MakeCode拼圖程式】

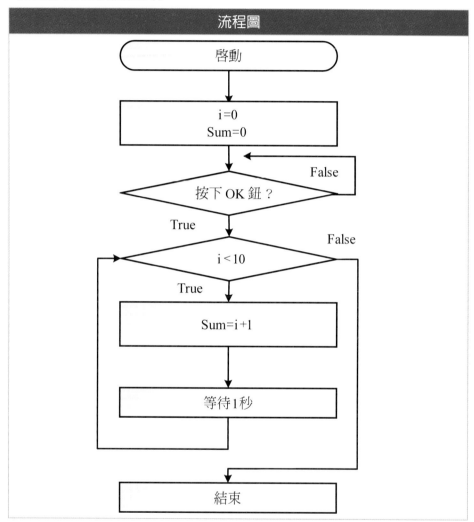

MakeCode 程式（第一種寫法）

```
on start
  set i ▼ to 0
  set Sum ▼ to 0

on button enter ▼ pressed ▼
  for i from 0 to 9
  do
    set Sum ▼ to i ▼ + ▼ 1
    show number Sum ▼ at line 1
    pause 1000 ▼ ms
```

MakeCode 程式（第二種寫法）

```
on start
  set i ▼ to 0
  set Count ▼ to 0

on button enter ▼ pressed ▼
  set Count ▼ to 0
  for i from 0 to 9
  do
    change Count ▼ by 1
    show number Count ▼ at line 1
    pause 1000 ▼ ms
```

●二、巢狀迴圈

【定義】是指迴圈內還有其他的迴圈，是一種多層次的迴圈結構。

【概念】它像鳥巢一樣，是由一層層組合而成。

【使用時機】適用於「兩個或兩個以上變數」的重覆變化。

【範例2】當使用者按一下「按鈕」時，動態顯示電子碼表數值由 1~100。

【MakeCode拼圖程式】

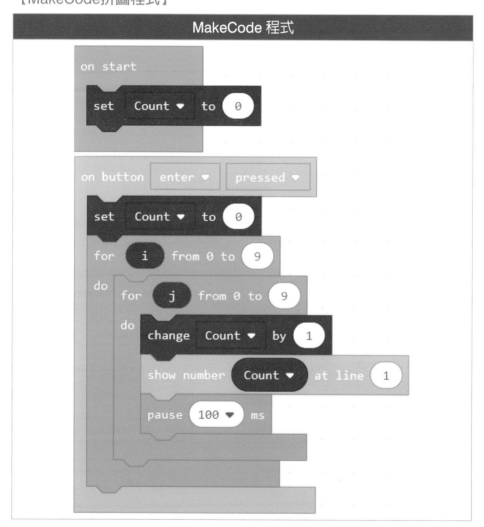

6-4-2 條件迴圈

【定義】是指不能預先知道迴圈的次數。

【使用時機】無法得知程式的執行次數時,使用此種迴圈最適合。

【例如】機器人往前走,直到超音波感測器偵測到障礙物,才會停止。

【拼圖程式】

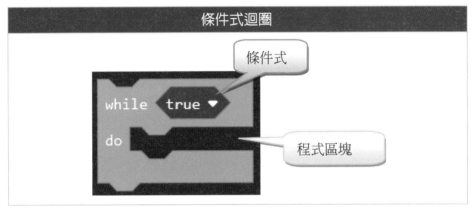

【說明】當「條件式」成立,就會跳出迴圈,否則就會不斷重複執行「程式
區塊」的指令。

【流程圖】

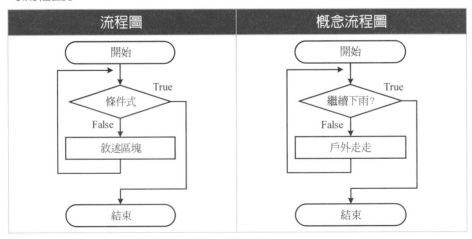

【實作 1】當使用者按下「按鈕」時，機器人往前走，直到超音波感測器偵
　　　　測到障礙物，才會停止。

【解答】

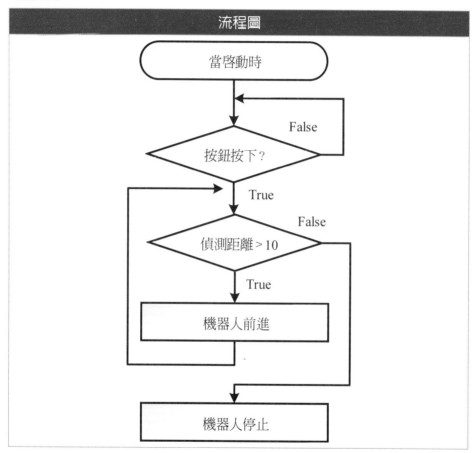

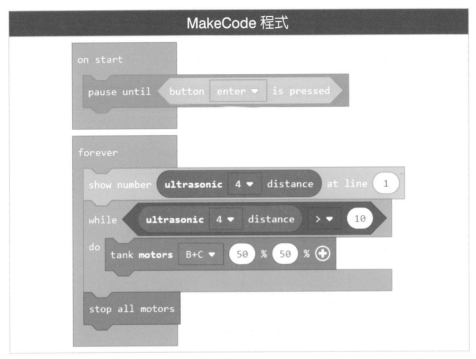

【實作 2】機器人 LED 燈不停閃爍，直到再按下「按鈕」，才會停止。

【解答】

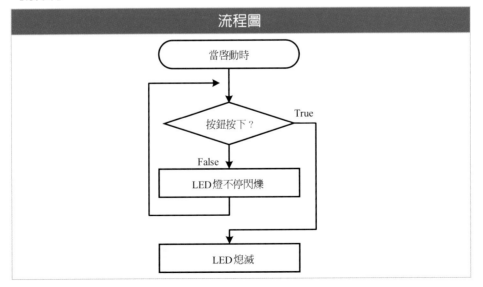

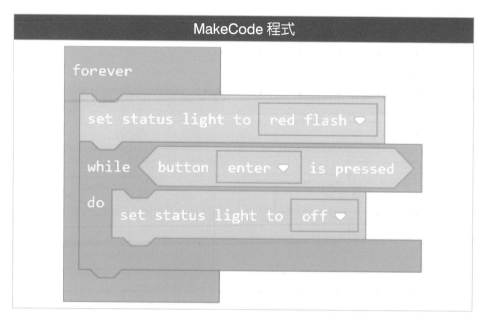

 6-4-3　無窮迴圈

【定義】是指當沒有符合某一條件時，迴圈會永遠被執行。

【使用時機】讓機器人持續偵測某一物件。

【例如】利用機器人的超音波感測器，持續偵測前方是否有「顧客」經過，
　　　　如果有則計數器自動加 1。

【拼圖程式】

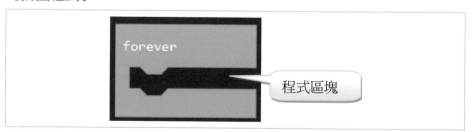

【說明 1】 在迴圈內的「程式區塊」指令會重複被執行。

【說明 2】 一般而言，它會搭配分岔結構（Switch）來使用。

【流程圖】

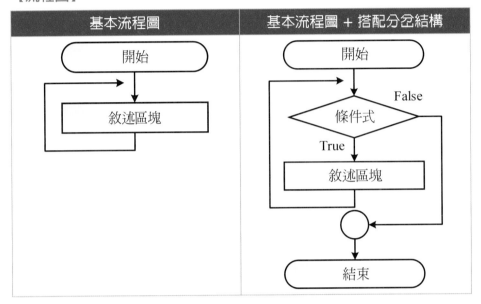

【實作 1】 當使用者按下「按鈕」時，機器人會利用超音波感測器，每一秒
偵測前方是否有「顧客」入場，如果有則計數器自動加 1，並發
出嗶聲。

【解答】

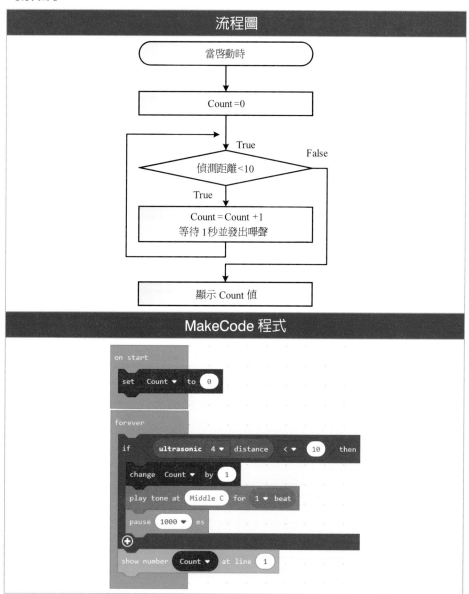

6-4-4　陣列專屬迴圈

【定義】是指專門為「清單」陣列量身訂作的專屬迴圈。

【功能】事先不需知道清單大小，也可以循序取出全部的清單項。

【例子】顯示全部成績及平均分數

【拼塊的結構】

【範例】利用陣列專屬迴圈來顯示 List 清單陣列中的全部元素

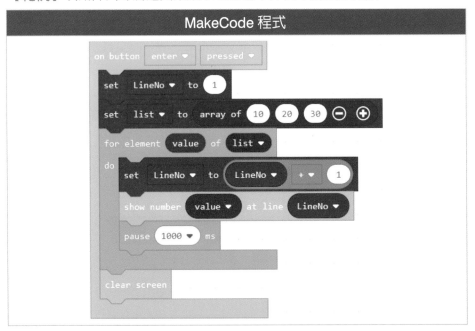

註 「清單」陣列的介紹，請參考 ch6-5 章節。

6-5 清單

【定義】是指一群具有「相同名稱」及「資料型態」的變數之集合。

【特性】1. 占用連續記憶體空間。

　　　　2. 用來表示有序串列之一種方式。

　　　　3. 各元素的資料型態皆相同。

　　　　4. 支援隨機存取（Random Access）與循序存取（Sequential Access）。

　　　　5. 插入或刪除元素時較為麻煩，因為需挪移其他元素。

【使用時機】每間隔一段時間或距離來暫時儲存環境的連續變化值。

【例如】利用溫度感測器，每間隔1小時，記錄溫度1次，並儲存到清單中。

【示意圖】

連續記憶體空間	各元素的資料型態皆相同

【常用的拼圖指令】

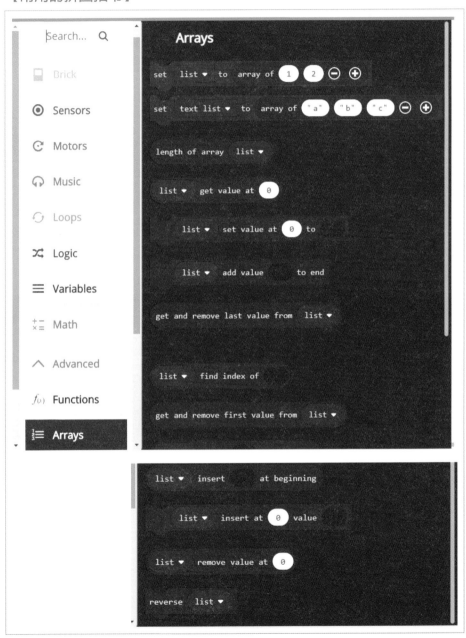

範例一　取得陣列中的元素個數

【MakeCode程式】

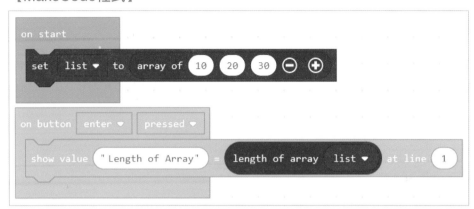

【執行結果】

範例二   取得陣列中的某一項目值

【MakeCode程式】

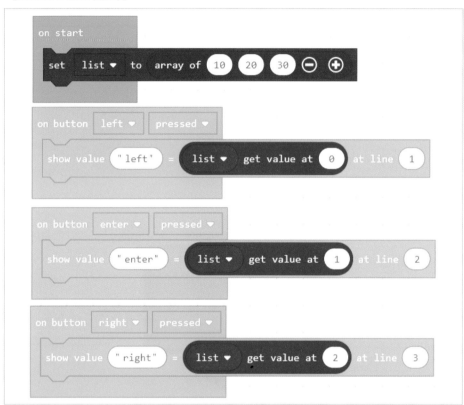

【執行結果】

範例三　指定陣列中某一索引之項目值

【MakeCode程式】

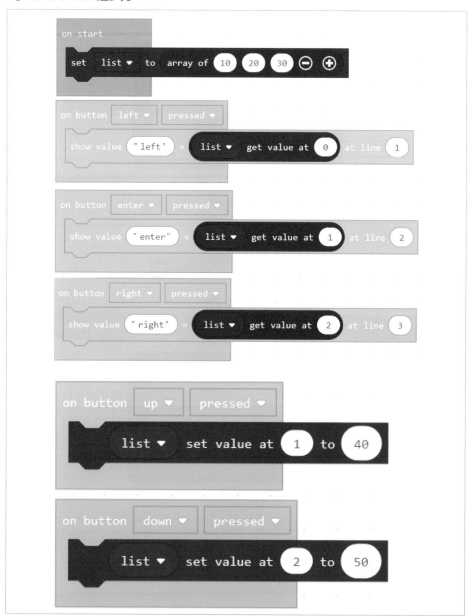

【執行結果】

第一次：

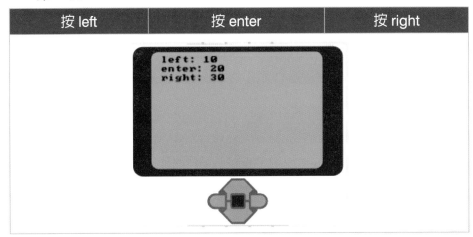

按 left	按 enter	按 right

```
left: 10
enter: 20
right: 30
```

第二次：

按 up	按 down

第三次：

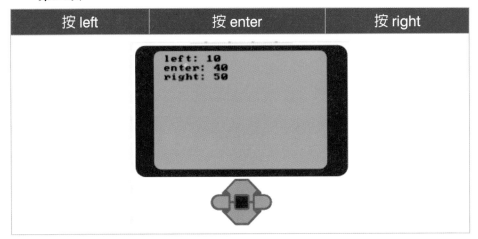

按 left	按 enter	按 right

```
left: 10
enter: 40
right: 50
```

範例四　隨機產生兩個亂數加入到陣列中

【MakeCode程式】

```
on start
    set list ▼ to empty array ⊕
    set Rand ▼ to 0

on button enter ▼ pressed ▼
    set list ▼ to empty array ⊕
    repeat 2 times
    do
        set Rand ▼ to pick random 1 to 6
            list ▼ add value Rand ▼ to end
        show number Rand ▼ at line 1
        pause 500 ▼ ms

on button left ▼ pressed ▼
    show number list ▼ get value at 0 at line 5

on button right ▼ pressed ▼
    show number list ▼ get value at 1 at line 5
```

【執行結果】

第一次：按 enter

第二次：按 left 及按 right

💡 範例五　取得並移除最末項元素

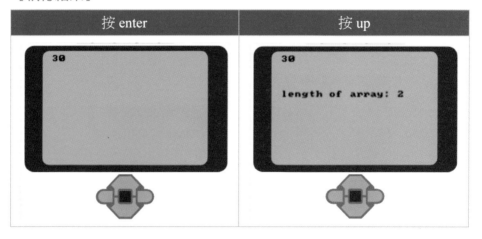

【執行結果】

按 enter	按 up
30	30 length of array: 2

範例六 取得某一項目元素之索引值

【MakeCode程式】

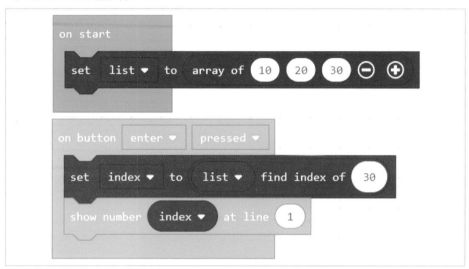

【執行結果】

範例七 取得陣列第一項元素並刪除其內容

【MakeCode程式】

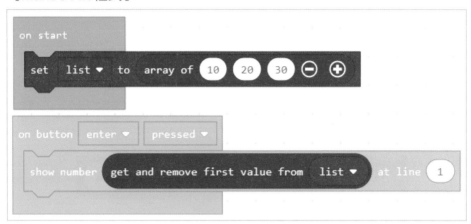

【執行結果】

範例八　插入某一元素到指定位置

【MakeCode程式】

```
on start
    clear screen
    set list ▼ to array of (10) (20) (30) ⊖ ⊕
    set Rand ▼ to pick random (10) to (99)
    show number (Rand ▼) at line (1)

on button (enter ▼) (pressed ▼)
    set index ▼ to (3)
    list ▼ insert at (1) value (Rand ▼)
    for element (value) of (list ▼)
    do
        change index ▼ by (1)
        show number (value ▼) at line (index ▼)
        pause (1000 ▼) ms
```

【執行結果】

啓動時	按 enter
58	58 10 58 20 30

範例九　移除指定位置的元素

【MakeCode程式】

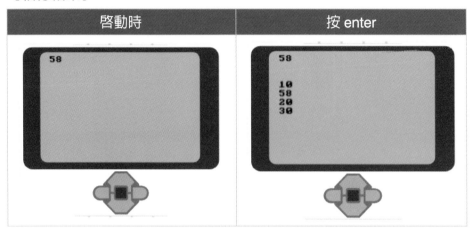

【執行結果】

啓動時	按 enter
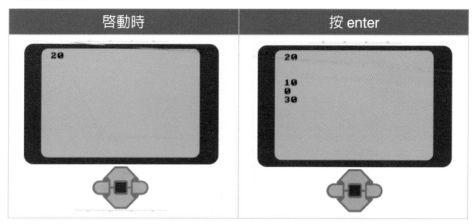	

6-6 副程式

　　當我們在撰寫程式時，都不希望重複撰寫類似的程式。因此，最簡單的作法，就是把某些會「重複的程式」獨立出來，這個獨立出來的程式就稱作副程式（Subroutine）或函式（Function），而在MakeCode中稱爲「函式」。

【定義】是指具有獨立功能的程式區塊。

【作法】把一些常用且重複撰寫的程式碼，集中在一個獨立程式中。

【示意圖】

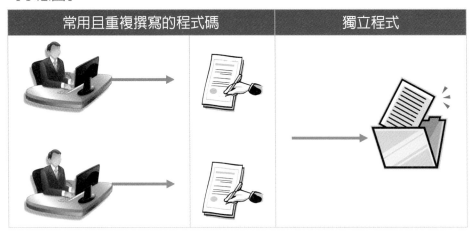

常用且重複撰寫的程式碼	獨立程式

【副程式的運作原理】

　　一般而言，「原呼叫的程式」稱之為「主程式」，而「被呼叫的程式」稱之為「副程式」。當主程式在呼叫副程式的時候，會把「實際參數」傳遞給副程式的「形式參數」，而當副程式執行完成之後，又會回到主程式呼叫副程式的「下一行程式」開始執行下去。

【圖解說明】

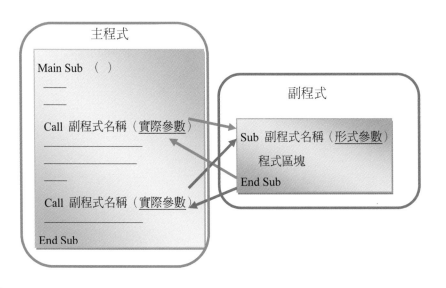

【說明】

1. 實際參數：實際參數 1, 實際參數 2,……, 實際參數 N

2. 形式參數：形式參數 1, 形式參數 2,……, 形式參數 N

【優點】

1. 可以使程式更簡化，因為把重覆的程式模組化。

2. 增加程式可讀性。

3. 提高程式維護性。

4. 節省程式所占用的記憶體空間。

5. 節省重覆撰寫程式的時間。

【缺點】

降低執行效率，因為程式會 Call 來 Call 去。

6-6-1　建立副程式

在撰寫 MakeCode 拼圖程式時，都會希望將獨立的功能寫成「副程式」，以便爾後的維護工作。接下來，再進一步說明如何建立副程式。

【步驟】

步驟一：函式 / 建立一個函式

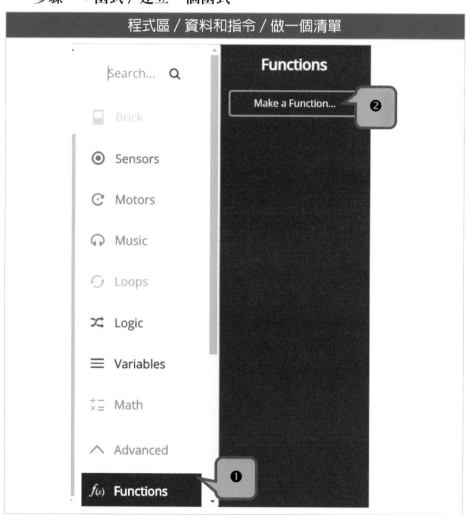

步驟二：填入副程式名稱：我的副程式

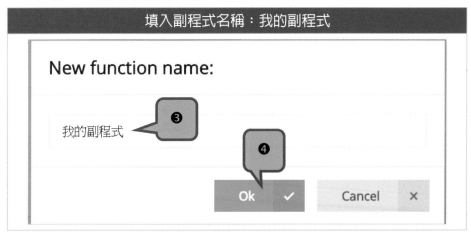

建立完成之後，顯示如下：

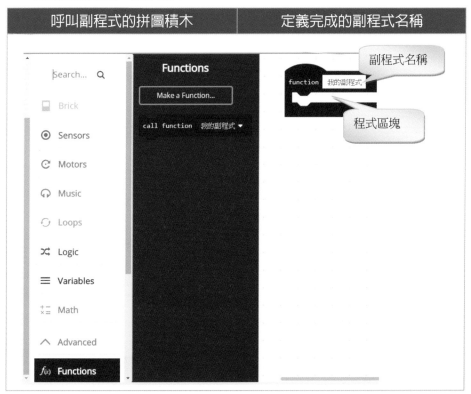

【定義】「主程式」呼叫時，沒有傳遞任何的參數給「副程式」，而當「副程式」執行完畢之後，也不傳回值給「主程式」。

【作法】先撰寫「副程式」，再由「主程式」呼叫之。

【實作】

　　請設計一個主程式呼叫一支副程式，如果成功的話，顯示「副程式測試 ok！」

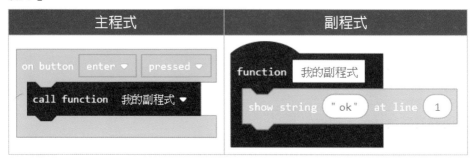

【執行結果】

6-6-2　定義函式 _ 顯示骰子點數

【主題發想】

　　為了讓程式更具模組化，定義顯示骰子點數為副程式。

【邏輯思維】

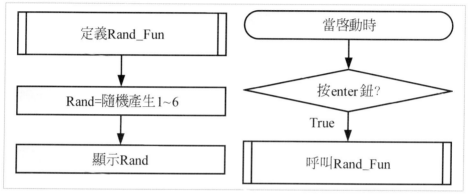

【功能】　定義函式目的就是可以讓你創建一個能夠在程式中重複利用的代碼。
　　　　　它可以將程式中重複使用的部分放入一個函式。避免相同的代碼複
　　　　　製到多處。

【MakeCode程式】

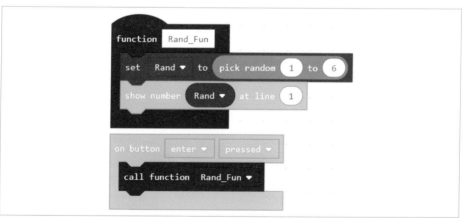

【執行結果】

顯示 1~6 各種情況

6-6-3 定義函式 _ 重複投擲 5 次骰子

【主題發想】

　　為了讓程式更具模組化，定義重複投擲 5 次骰子為副程式。

【邏輯思維】

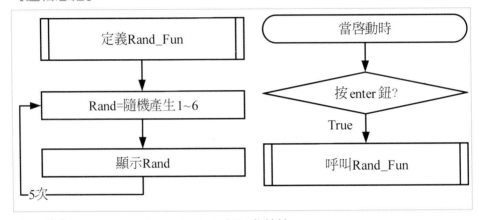

【功能】利用迴圈結構來一次產生多個亂數值。

【MakeCode程式】

```
function Rand_Fun
    repeat 5 times
    do
        set Rand ▼ to  pick random 1 to 6
        change LineNo ▼ by 1
        show number Rand ▼ at line LineNo ▼
        pause 100 ▼ ms


on button enter ▼ pressed ▼
    set LineNo ▼ to 0
    clear screen
    call function Rand_Fun ▼
```

【執行結果】

課後習題

請設計一支具有統計分析功能的程式

【分析】輸入：隨機產生五科成績

　　　　處理：計算科目數、平均、最高分及最低分

　　　　輸出：顯示結果

（一）隨機產生五科成績

（二）計算科目數

（三）計算平均

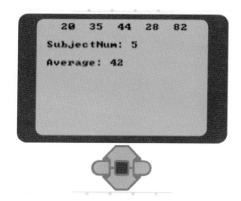

（四）計算最高分

（五）計算最低分

Chapter 7

機器人走迷宮（超音波感測器）

● 本章學習目標 ●

1. 讓讀者了解樂高機器人輸入端的「超音波感測器」之定義及反射光原理。

2. 讓讀者了解樂高機器人的「超音波感測器」之四大模組的各種使用方法。

● 本章內容 ●

7-1 認識超音波感測器

【定義】類似人類的眼睛,可以偵測距離的遠近。

【目的】可以偵測前方是否有「障礙物」或「目標物」,以讓機器人進行不同的動作。

【外觀圖示】

四號輸入端(Port4)超音波感測器

【說明】超音波感測器的前端紅色部分為「發射」與「接收」兩端,感測器主要是作為偵測前方物體的距離。

【回傳資訊】cm(公分)的距離單位。

【原理】利用「聲納」技術,「超音波」發射後,撞到物體表面並接收「反射波」,從「發射」到「接收」的時間差,即可求出「感應器與物體」之間的「距離」。

【原理之圖解說明】

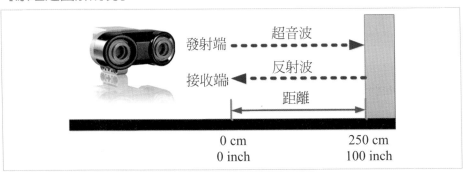

【距離的單位】公分（cm）

【感測值範圍】0～250 公分

【誤差值】+/-3cm

【感測角度】150 度

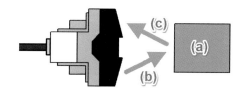

【EV3超音波感測器的規格表】

項目	教育 EV3	教育 NXT
測量的距離	理論值：3～250 公分 實際測量：1～160 公分	理論值：3～250 公分 實際測量：1～160 公分
測量角度	約 20 度（實測）	約 20 度（實測）
精度的距離的測量	+/-1 厘米	+/-3 厘米
照明在前面	照明：發送超聲波	沒有
	閃爍：接收超聲波	
從外部接收功能的超聲波	是的	沒有
自動識別	有支援	沒有支援

資料來源 http://www.afrel.co.jp/en/archives/844

【EV3超音波感測器的測量範圍】

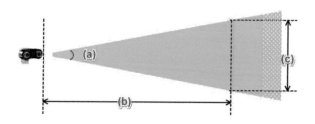

【說明】(1) 綠色的 (a) 部分就是「有效測量角度」20 度角。

(2) 綠色的 (b) 部分就是「有效偵測距離」約 60 公分。

(3) 綠色的 (c) 部分就是「有效測量範圍」約 22 公分。

【適用時機】

1. 偵測前方的牆壁

2. 偵測有人靠近機器人

3. 量測距離

【三種偵測模式】

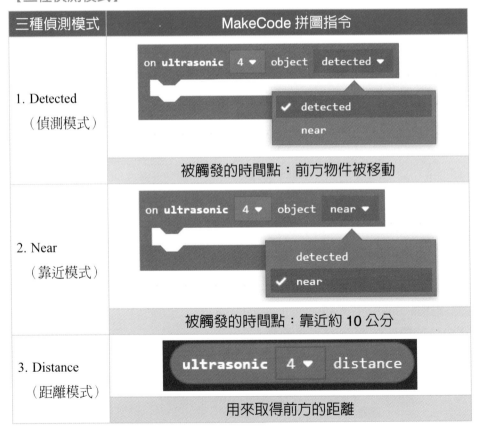

三種偵測模式	MakeCode 拼圖指令
1. Detected（偵測模式）	on ultrasonic 4 ▼ object detected ▼ ✔ detected near 被觸發的時間點：前方物件被移動
2. Near（靠近模式）	on ultrasonic 4 ▼ object near ▼ detected ✔ near 被觸發的時間點：靠近約 10 公分
3. Distance（距離模式）	ultrasonic 4 ▼ distance 用來取得前方的距離

7-2 偵測超音波感測器的值

如果想要利用超音波感測器來完成某一指定的特務之前，務必要先偵測超音波感測器回傳的數值。其測試方式如下：

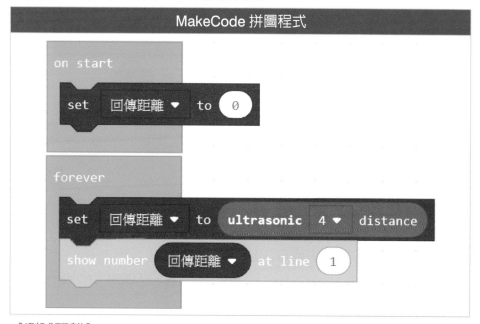

【測試距離】

用手放在超音波感測器前方	手慢慢地水平移動

【測試結果】利用模擬器測試

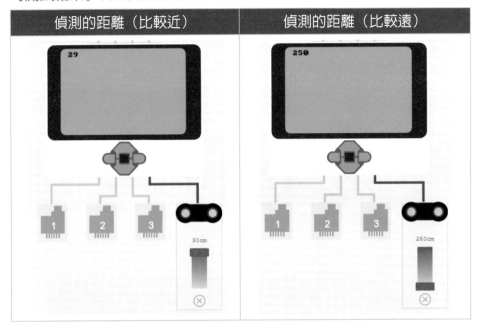

【超音波感測器的三種常用方法】

超音波感測器在 MakeCode 常被使用下列三種功能區塊（Block）。

等待模組（Wait）	on button enter ▼ pressed ▼ pause until ultrasonic 4 ▼ distance < ▼ 25

判斷模組（Switch）	on button enter ▼ pressed ▼
	if ultrasonic 4 ▼ distance < ▼ 25 then
	else

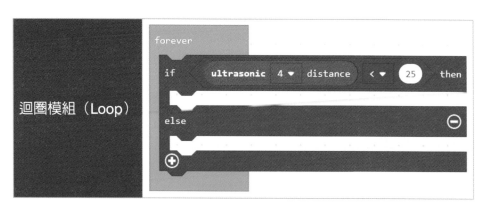

迴圈模組（Loop）

7-3 超音波感測器的等待模組（Wait）應用

基本上，超音波感測器的等待模組有兩種寫法：

第一種寫法：利用超音波感測器專屬的等待模組。

範例 1：等待偵測到前方有物件「移動」時，閃爍紅燈。

範例 2：等待偵測到前方有物件「太靠近」時，閃爍紅燈及發出「嗶聲」。

說明：當物件靠近在 10 公分以內，會「嗶一聲」，直到物件距離為有
效距離。

第二種寫法：利用通用的等待模組。

等待前方物件靠近距離小於「門檻值」時，再繼續執行下一個動作。

【說明】當等待模組中的「條件式」成立時，才會繼續執行下一個動作，否
則，下面的全部指令都不會被執行。

範例 3：等待前方物件靠近距離小於 25 公分時，發出連續性的「嗶聲」及閃爍紅燈。

```
forever
    set status light to  green ▼
    pause until   ultrasonic  4 ▼  distance  < ▼  25
    set status light to  red flash ▼
    play tone at  Middle C  for  1/16 ▼  beat
```

說明：當物件靠近在 25 公分以內，會有「連續嗶聲」，直到物件距離為有效距離。

7-3-1 樂高機器人偵測到障礙物自動停止

在前面單元中，我們已經了解「超音波感測器」的適用時機及偵測距離之後，接下來，我們就可以開始來撰寫如何讓樂高機器人在行走的過程中，如果有偵測到障礙物時，會自動停止。

【實作】樂高機器人往前走，直到「超音波感測器」偵測前方25公分處有「障礙物」時，就會「停止」。請利用「等待模組（Wait）」

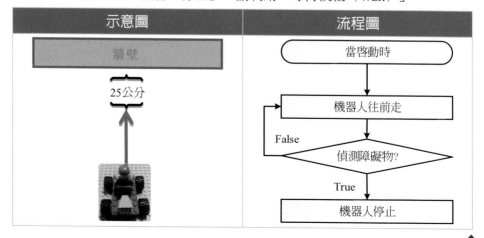

示意圖	流程圖

【MakeCode拼圖程式】

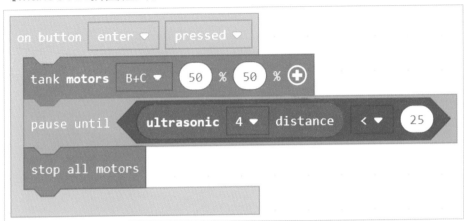

【模擬器測試】

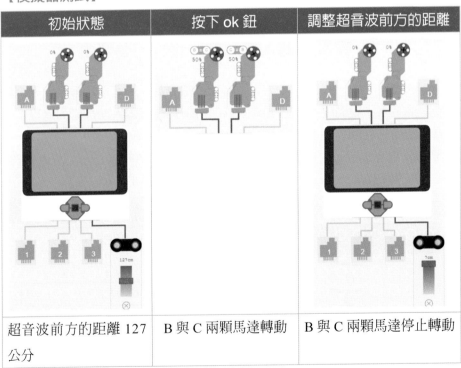

初始狀態	按下 ok 鈕	調整超音波前方的距離
超音波前方的距離 127 公分	B 與 C 兩顆馬達轉動	B 與 C 兩顆馬達停止轉動

7-3-2 偵測到障礙物停止並發出警鈴聲

在學會如何讓樂高機器人在行走的過程中，如果有偵測到障礙物會自動停止之後，再新增一個功能，就是它會自動發出警鈴聲。

【實作】樂高機器人往前走，直到「超音波感測器」偵測前方25公分處有「障礙物」時，就會「停止」並發出警鈴聲。請利用「等待模組（Wait）」

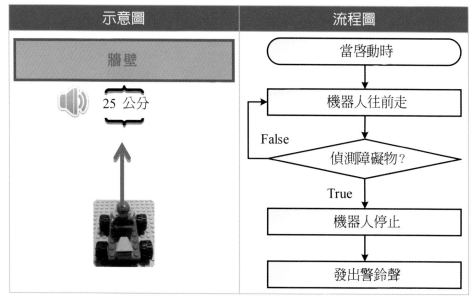

示意圖	流程圖
牆壁 25 公分	當啓動時 ↓ 機器人往前走 ←(False) ↓ 偵測障礙物？ ↓ True 機器人停止 ↓ 發出警鈴聲

【MakeCode拼圖程式】

```
on button enter ▼ pressed ▼
  tank motors B+C ▼ 50 % 50 % ⊕
  pause until  ultrasonic 4 ▼ distance < ▼ 25
  stop all motors
  play tone at Middle C for 1 ▼ beat
```

7-4 超音波感測器的分岔模組（Switch）應用

【定義】是指用來判斷「超音波感測器」偵測距離是否小於「門檻值」時，
如果「是」，則執行「上面」的分支，否則，就會執行「下面」的
分支。

【分岔模組（Switch）】

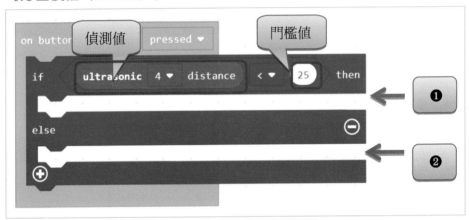

【說明】

❶當條件式「成立」時，則執行「上面」的分支。

❷當條件式「不成立」時，則執行「下面」的分支。

因此，當「偵測值」小於「門檻值」，就會執行「上面」的分支。

【實作】樂高機器人利用「超音波感測器」偵測前方 25 公分處是否有「障礙物」時，就會「停止」，否則就前進。

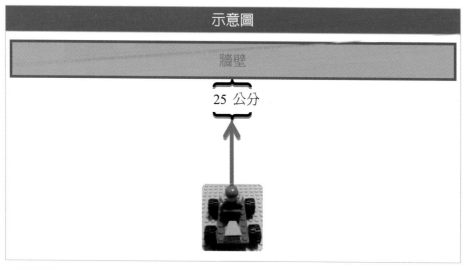

【解答】

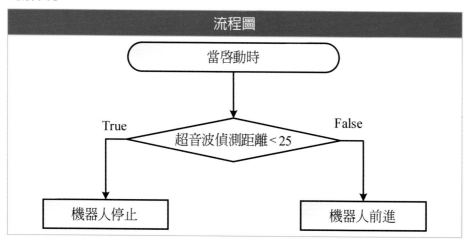

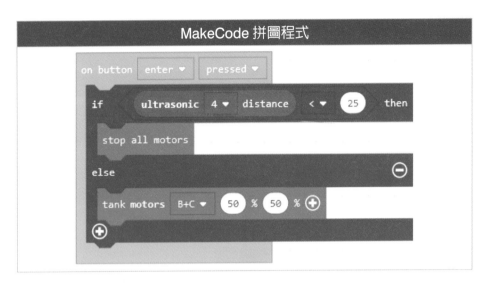

註 在上面的例子中，如果單獨使用分岔結構（Switch），只能偵測一次，無法反覆執行。

【解決方法】搭配無限制的「迴圈結構（Loop）」，可以讓你反覆操作此機器人的動作。

7-5 超音波感測器的迴圈模組（Loop）應用

【定義】用來等待「超音波感測器」偵測距離小於「門檻值」時，就會結束迴圈。

【迴圈模組（Loop）】

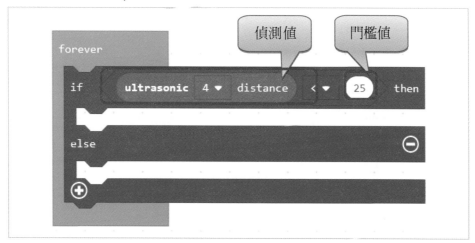

【範例】機器人向前走，直到超音波感測器偵測前方有「障礙物」時，就會結束迴圈。

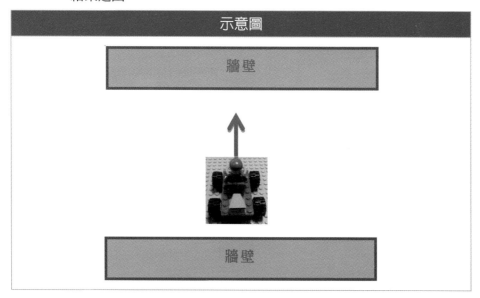

【解答】

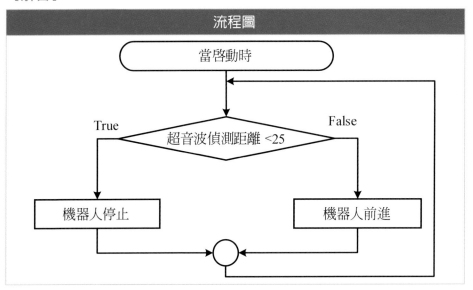

流程圖

當啓動時

True　　　　　　超音波偵測距離 <25　　　　　　False

機器人停止　　　　　　　　　　機器人前進

【MakeCode拼圖程式】

```
on button  enter ▼  pressed ▼
pause until  button  enter ▼  is pressed

forever
    if  ultrasonic  4 ▼  distance  < ▼  25  then
        stop all motors
    else                                        ⊖
        tank motors  B+C ▼  50 %  50 %  ⊕
    ⊕
```

7-6 樂高機器人走迷宮

在國際奧林匹克機器人競賽（WRO）經常出現的「機器人走迷宮」，它就是利用超音波感測器來完成。

入口出發	尋找迷宮路徑	順利找到出口

【解析】

1. 機器人的「超音波感測器」偵測前方有「障礙物」時，會「向右轉」或「向左轉」，否則向前走。

2. 如果單獨使用「等待模組」，只能執行一次，無法反覆執行。

【解決方法】搭配無限制的「迴圈結構（Loop）」，可以讓你反覆操作此機器人的動作。

【常見的兩種情況】

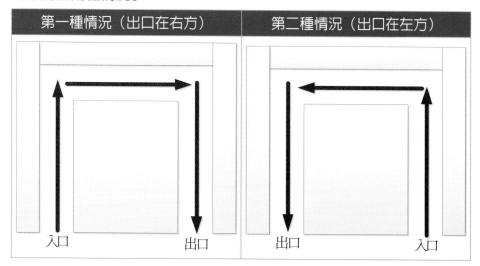

第一種情況（出口在右方）	第二種情況（出口在左方）

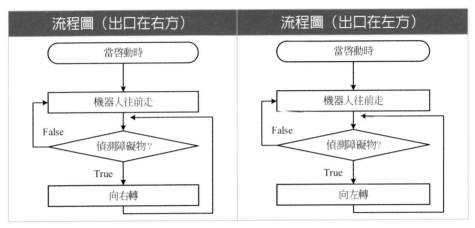

流程圖（出口在右方）	流程圖（出口在左方）
當啓動時 → 機器人往前走 → 偵測障礙物？（False 回到機器人往前走，True）→ 向右轉	當啓動時 → 機器人往前走 → 偵測障礙物？（False 回到機器人往前走，True）→ 向左轉

【MakeCode拼圖程式】

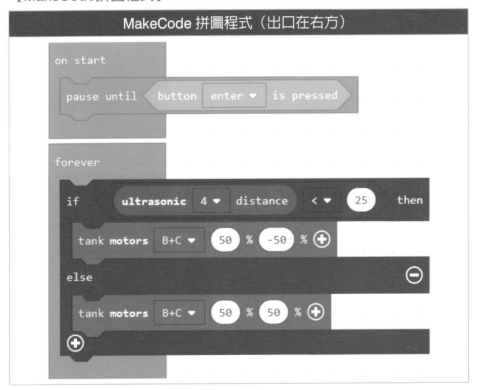

MakeCode 拼圖程式（出口在右方）

```
on start
    pause until  button  enter ▼  is pressed

forever
    if  ultrasonic  4 ▼  distance  < ▼  25  then
        tank motors  B+C ▼  50 %  -50 %  ⊕
    else                                        ⊖
        tank motors  B+C ▼  50 %  50 %  ⊕
    ⊕
```

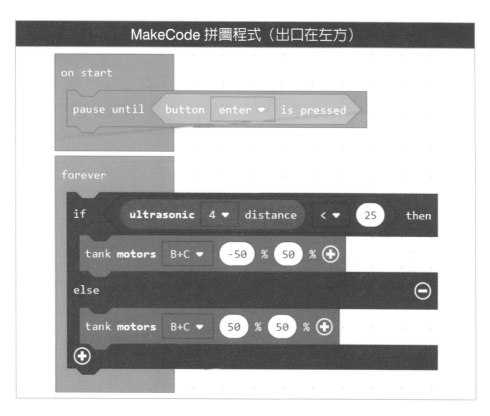

7-7 超音波感測器控制其他拼圖模組

假設我們已經組裝完成一臺機器人，想讓機器人依照偵測距離的遠近來決定前進的快慢。亦即機器人越接近障礙物時，速度越慢。此時，我們必須要透過「超音波感測器」來偵測前方障礙物的「距離」，並且將此「距離的數值資料」傳給「馬達」中的轉速。

【範例】以超音波偵測的距離來控制馬達的速度。將「超音波感測器」偵測的距離，輸出給馬達當作為它的「馬力」輸入。

【解析】

示意圖	流程圖
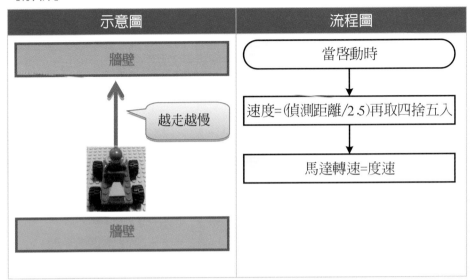	

【MakeCode拼圖程式】

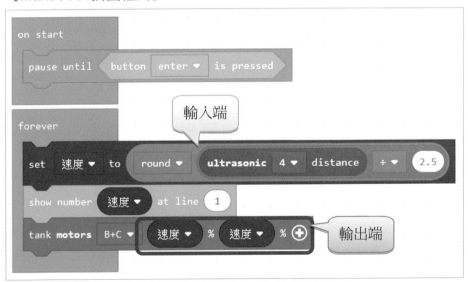

【說明】

1.馬達轉速的絕對值為 100。

2. 超音波感測器的偵測距離長度約為 250cm，因此，250/100 = 2.5。

3. 所以，每當超音波偵測長度除以 2.5 就能夠將馬達的轉速正規化。

7-8 看家機器狗

利用「超音波感測器」來模擬「看家狗系統」。

假設「前進速度與距離的方程式」：速度 =（距離（cm）−30）×10

【解答】

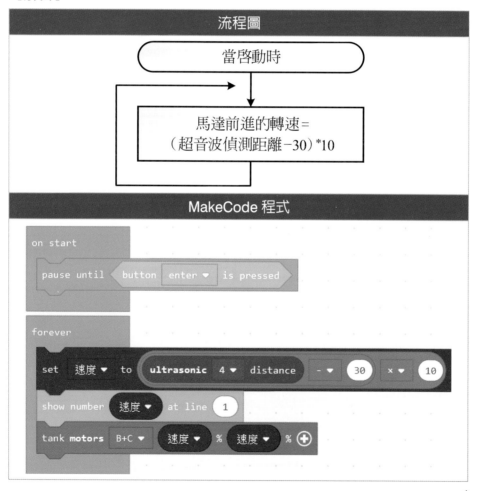

EV3 樂高機器人 ── 使用 MakeCode 程式設計

7-9 自動刹車系統

利用「超音波感測器」來模擬「自動刹車系統」的「距離與聲音頻率的關係」。

【實作】假設「距離與頻率的方程式」：頻率（Hz）＝ -50* 距離（cm）+ 2000。

【解答】

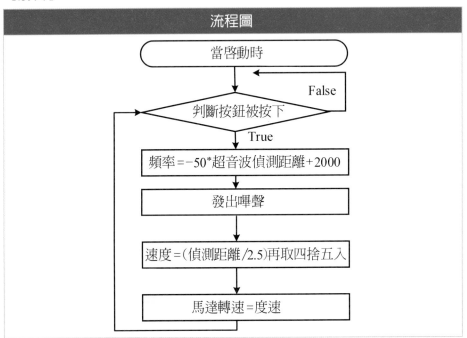

流程圖

當啓動時

False

判斷按鈕被按下

True

頻率＝-50*超音波偵測距離+2000

發出嗶聲

速度=(偵測距離/2.5)再取四捨五入

馬達轉速=度速

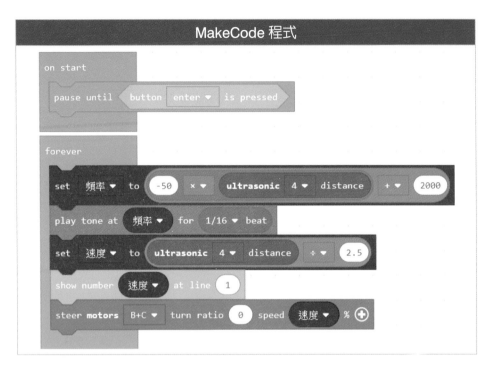

課後習題

1. 請利用「超音波感測器」偵測前方的距離並顯示偵測值。如果偵測值小於25公分時，就會發出「detected音效」。

2. 請修改ch7-6單元「機器人走迷宮」，再加裝一顆「中型馬達」，此時，將「超音波感測器」裝到中型馬達上方，改造成機器人走迷宮時，機器人的超音波可以左、右轉頭。

3. 請利用「超音波感測器」的「偵測模式」，亦即前方如果物件被移動時，就會發出安全警報聲（Information Error Alarm）。

4. 請利用「紅外線感測器」的「接近模式」，如果物件「靠近」約10公分時，就會發出安全警報聲（Information Error Alarm）。

Chapter 8

機器人循跡車（顏色感測器）

● 本章學習目標 ●

1. 讓讀者了解樂高機器人輸入端的「顏色感測器」之定義及原理。

2. 讓讀者了解樂高機器人的「顏色感測器」之應用。

● 本章內容 ●

認識顏色感測器

【定義】是指用來偵測不同顏色的反射光、顏色及環境光強度。

【目的】可以讀取周圍環境及不同顏色的反射光,以讓機器人進行不同的動作。

【圖示】

接三號輸入端(Port3)顏色感測器

【外觀】顏色感測器的前端紅色部分內有上下兩個 LED(上大、下小)。

【功能介紹】

1. 大 LED 燈:發出光線後,經光線照射物體後會反射光線的原理。

2. 小 LED 燈:接收到反射的光線後,將資訊回傳給 EV3 主機。

【原理】

　　利用「顏色感測器」中的 LED 所發射的光線,經地面反射光來偵測物體光線的強弱。

偵測「白色」物體	偵測「黑色」物體

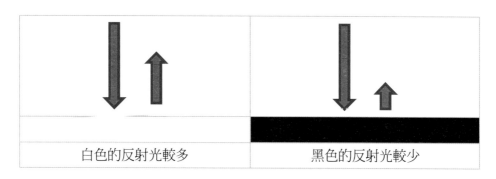

白色的反射光較多	黑色的反射光較少

【EV3顏色感測器的規格表】

項目	教育 EV3	教育 NXT
外觀		
檢測到的顏色數	0 1 2 3 4 5 6 7 8 種顏色（透明（無色）、黑、藍、綠、黃、紅、白色、棕色），其中 0 表示透明	6 種顏色（黑、藍、綠、黃、紅、白色）
取樣率	1,000Hz（是指每秒取樣 1000 次）	330HZ（是指每秒取樣 330 次）
與偵物物之距離	15 至 50mm	≦ 20mm
自動識別	有支援	沒有支援

資料來源 http://www.afrel.co.jp/en/archives/847

【EV3顏色感測器在「顏色」模式下的測量範圍】

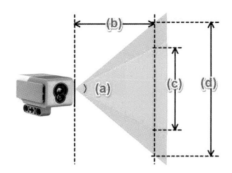

【說明】(1) 淺藍色的 (a) 部分就是「有效測量角度」45 度角。

(2) 淺藍色的 (b) 部分就是「有效偵測距離」約 53mm。

(3) 淺藍色的 (c) 部分就是「有效測量範圍」約 54mm。

(4) 灰色的 (d) 部分就是「無效測量範圍」約 88mm。

【EV3顏色感測器在「反射光」模式下的測量範圍】

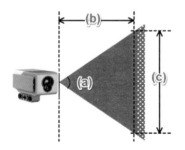

【說明】(1) 紅色的 (a) 部分就是「有效測量角度」53 度角。

(2) 紅色的 (b) 部分就是「有效偵測距離」約 53mm。

(3) 紅色的 (c) 部分就是「有效測量範圍」約 73mm。

資料來源　http://www.afrel.co.jp/en/archives/847

【偵測模式】

六種偵測模式	MakeCode 拼圖指令
1. Color Detected （顏色偵測模式）	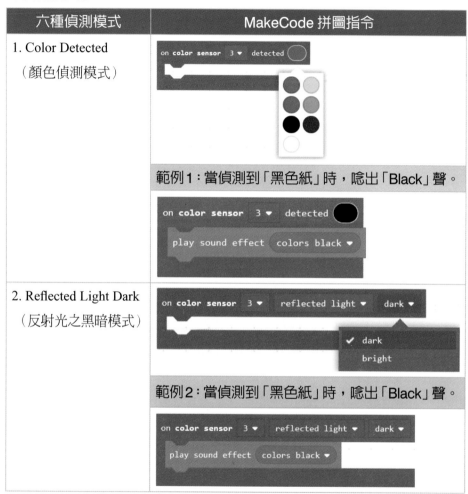

範例1：當偵測到「黑色紙」時，唸出「Black」聲。

2. Reflected Light Dark
（反射光之黑暗模式）

範例2：當偵測到「黑色紙」時，唸出「Black」聲。

3. Reflected Light 　Bright （反射光之明亮模式）	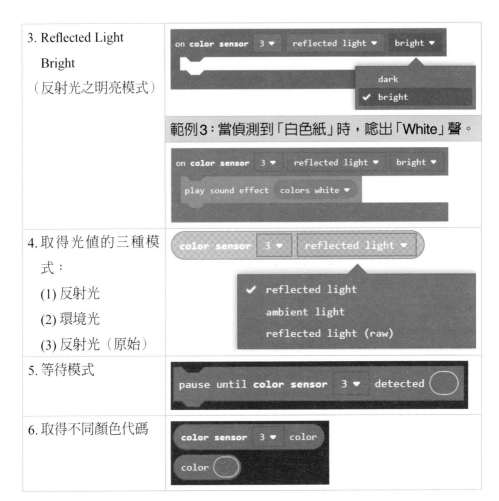
4. 取得光值的三種模 　式： 　(1) 反射光 　(2) 環境光 　(3) 反射光（原始）	
5. 等待模式	
6. 取得不同顏色代碼	

8-2 偵測顏色感測器的值

　　如果想要利用顏色感測器來完成某一指定的任務之前，務必要先偵測顏色感測器回傳的數值。其測試方式如下：

【測試反射光】請你準備兩張紙（黑色與白色），分別放在「顏色感測器」下方。

黑色紙	白色紙

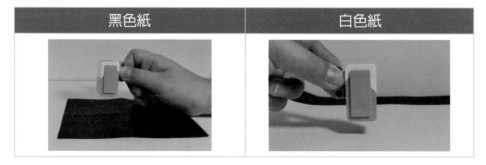

【測試結果】利用模擬器測試。

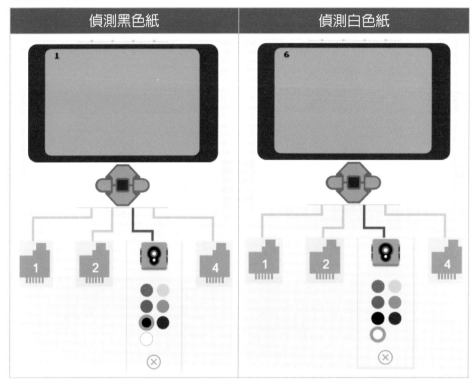

說明：回傳值對應的顏色如下：

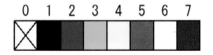

顏色感測器除了可以偵測以上七種不同顏色之外，它也可以偵測「反射光」及「自然光」。

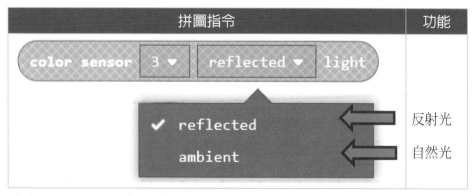

拼圖指令	功能

| reflected | 反射光 |
| ambient | 自然光 |

【感測值範圍】0 到 100 之間（值愈大，即代表亮度愈大）

【實作】請撰寫程式來反覆偵測不同色張的反射光，並顯示在螢幕上。

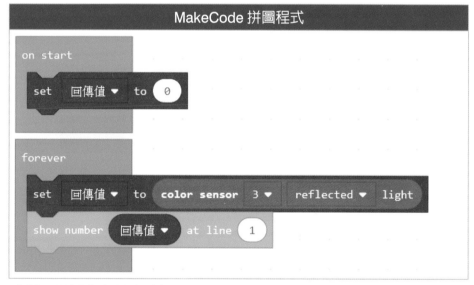

MakeCode 拼圖程式

【利用反射光來判定計算黑白線的門檻值】

1. 使用顏色感應器偵測「黑色線」地板的反射光數值，假設是 5%。

2. 使用顏色感應器偵測「白色線」地板的反射光數值，假設是 75%。

　　黑白線的門檻值 =（白色最小值 + 黑色最大值）÷2=（75+5）/2=40。

　　機器人行進過程中，如果反射光數值大於 40，可判定為白色地板，如果

　　反射光數值小於 40，可判定為黑線。

【應用時機】

1. 循跡機器人（使用「顏色」或「反射光」模式）

2. 垃圾車（使用「顏色」或「反射光」模式）

3. 在黑色地板走白色軌跡（使用「顏色」或「反射光」模式）

4. 尋找黑線（使用「顏色」或「反射光」模式）

5. **感應天黑天亮（使用「自然光」模式）**

【實作】請撰寫程式來反覆偵測**自然光**，並顯示在螢幕上。

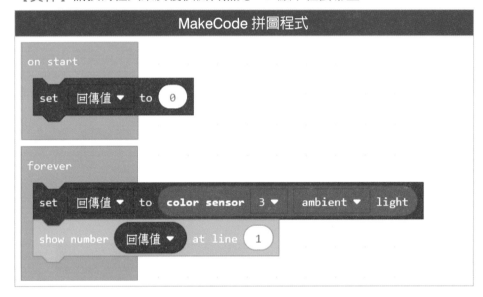

註 可以利用手機的手電筒照射，代表在太陽下。可以模擬太陽能車。

【顏色感測器的三種常用方法】

顏色感測器在 MakeCode 常被使用下列三種功能區塊（Block）。

判斷模組 （Switch）	
迴圈模組 （Loop）	

8-3 顏色感測器的等待模組（Wait）應用

基本上，顏色感測器的等待模組有兩種寫法：

1. 第一種寫法：利用顏色感測器專屬的等待模組。

2. 第二種寫法：利用通用的等待模組。

第一種寫法：利用顏色感測器專屬的等待模組。

範例1：等待偵測到「紅紙」時，亮紅燈，等待偵測到「綠紙」時，亮綠燈。

範例2：等待偵測到「紅紙」時，亮紅燈並唸出「Red」，等待偵測到「綠紙」時，亮綠燈並唸出「Green」。

第二種寫法：利用通用的等待模組。

等待「顏色感測器」偵測到反射光小於**「門檻值」**時，再繼續執行下一個動作。

【範例3】機器人往前走，等到「顏色感測器」偵測到「黑色線」時，就會「停止」。（請利用等待模組）

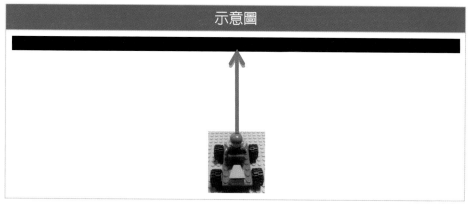

【解答】

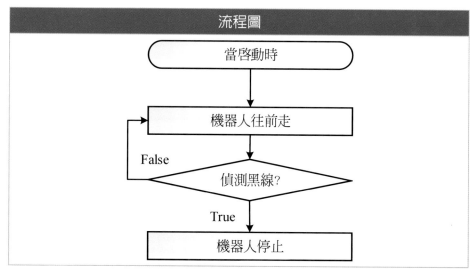

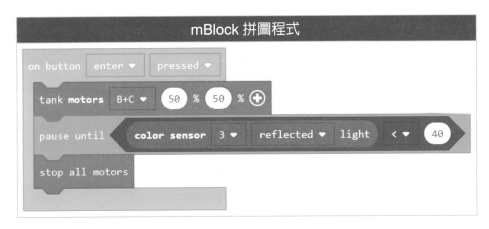

8-4 顏色感測器的分岔模組（Switch）應用

【定義】是指用來判斷「顏色感測器」是否偵測到「黑色線」，如果「是」，
則執行「上面」的分支，否則，就會執行「下面」的分支。

【分岔模組（Switch）】

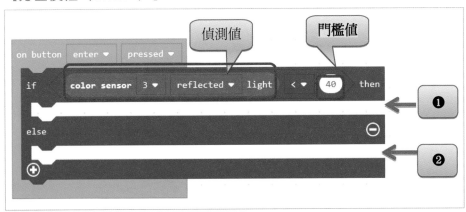

【說明】

❶當條件式「成立」時，則執行「上面」的分支。

❷當條件式「不成立」時，則執行「下面」的分支。

【範例 1】機器人往前走，等到「顏色感測器」偵測到「黑色線」，就會「停止」。（請利用分岔模組）

【解答】

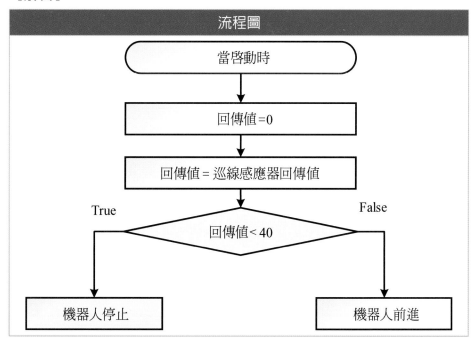

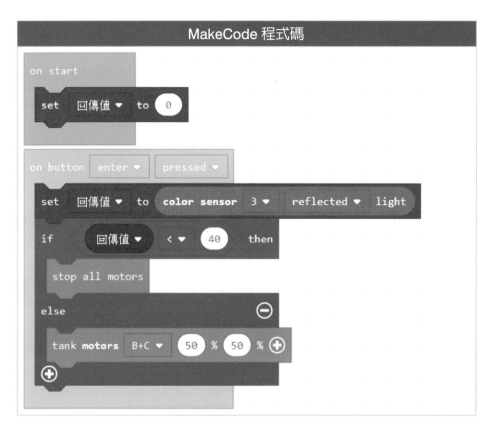

註 在上面的例子中，如果單獨使用分岔結構（Switch），只能偵測一次，無法反覆執行。

【解決方法】搭配無限制的「迴圈結構（Loop）」，可以讓你反覆操作此機器人的動作。

8-5 顏色感測器的迴圈模組（Loop）應用

【定義】是指用來「顏色感測器」是否偵測到「黑色線」，如果「是」，則
停止，否則，就會往前行走。反覆執行。

【迴圈模組（Loop）】

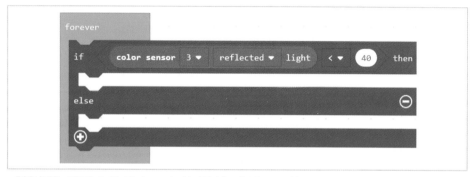

【範例】機器人往前走，直到「顏色感測器」偵測黑色線，就會「停止」。
（請利用迴圈模組）

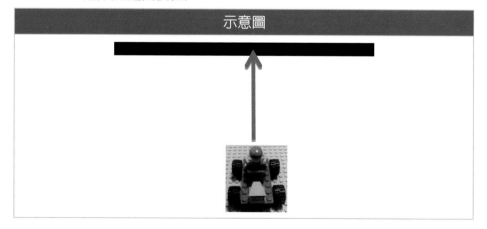

示意圖

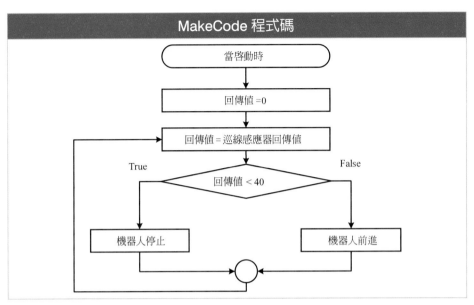

【mBlock拼圖程式】

8-6 機器人循跡車

在機器人領域中，目前國內外有非常多的比賽都必須要「軌跡」，亦即利用「顏色感測器」沿著黑色線前進。

【解析】

1. 機器人的「顏色感測器」偵測「黑線或白線」時右轉，而偵測「白線或黑線」時左轉。

2. 如果單獨使用分岔結構（Switch），只能偵測一次，無法反覆執行。

【解決方法】搭配無限制的「迴圈結構（Loop）」，可以讓你反覆操作此機器人的動作。

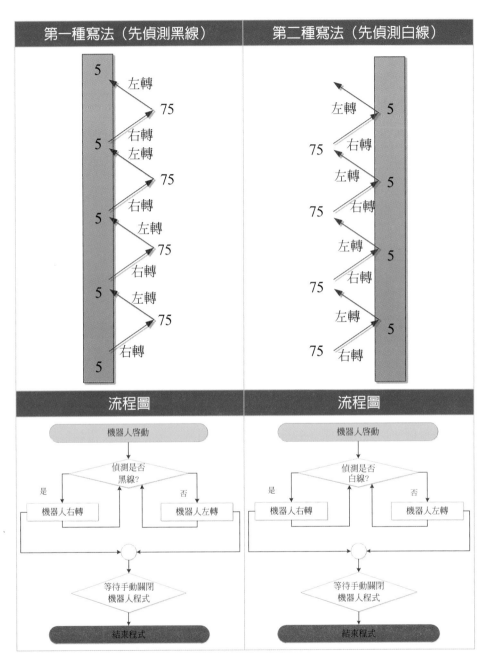

【實作一】針對「顏色感測器」的回傳值，來調整樂高機器人沿著黑色線行
走。

【繪製流程圖】

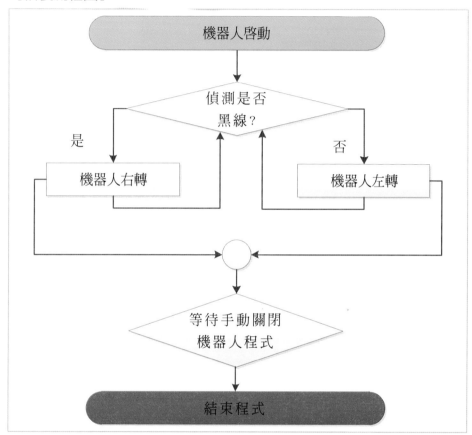

【mBlock程式碼】

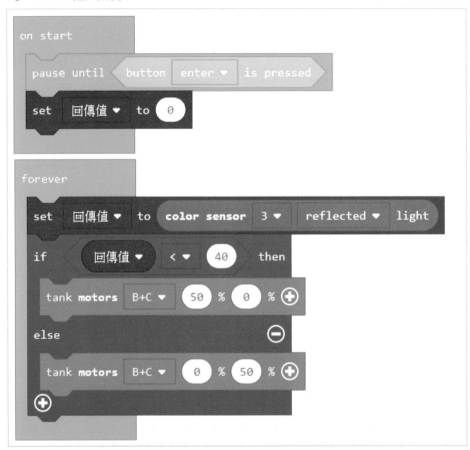

8-7 機器人偵測到第三線黑線就停止

在前面所介紹的機器人循跡車中，雖然可以利用「顏色感測器」沿著黑色線前進，但是，在這行走的過程中並沒有記錄歷程。因此，在本單元中，會介紹如果讓樂高機器人利用「顏色感測器」偵測到第三線黑線，就停止走動。示意圖如下：

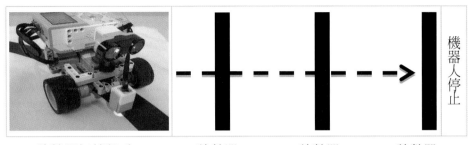

| 計數器初值設為 0 | 計數器 =1 | 計數器 =2 | 計數器 =3 |

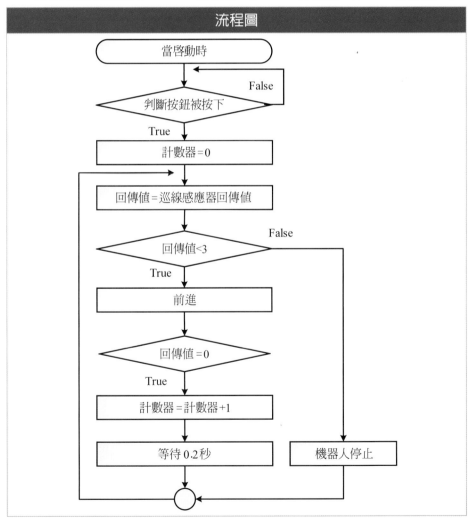

流程圖

- 當啓動時
- 判斷按鈕被按下 — False
- True
- 計數器=0
- 回傳值=巡線感應器回傳值
- 回傳值<3 — False
- True
- 前進
- 回傳值=0
- True
- 計數器=計數器+1
- 等待0.2秒
- 機器人停止

【mBlock程式碼】

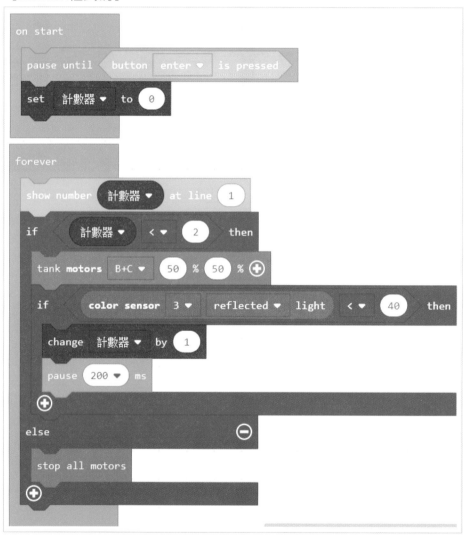

課後習題

1. 請利用「顏色感測器」來偵測「紅色、綠色及黃色」三種不同的色紙，並且依照不同色紙在主機上顯示不同的燈色及音效。

    例如：偵測到「紅色紙」就會顯示紅色燈及發出「Colors Red」音效。

2. 請利用「顏色感測器」來設計「紅綠燈」交通號誌。

    例如：偵測到「綠色紙」機器人前進，直到偵測到「紅色紙」機器人停止。

3. 利用「顏色感測器」來設計「智慧電燈」。

    說明：當晚上時，自動開啓電燈（主機上的LED），否則，就會熄滅電燈。

4. 利用「顏色感測器」來設計「巡線路障停車」或「自動跟車系統」。

    說明：機器人巡線過程中，如果有障礙物（例如：車子、其他物件）就會停止，當障礙物被排除時，又可以繼續巡線。

5. 請利用「顏色感測器」及「超音波感測器」來設計「掃地機器人」。

    說明：在一個範圍內用「黑色」膠帶圍成來，並在內圍中放置5～10個保特瓶子。在啓動「掃地機器人」之後，機器人的「超音波感測器」偵測到前方有「保特瓶」時，就會將保特瓶推到外圍，並且當機器人的「顏色感測器」偵測黑線時，就會後退，並在原地迴旋偵測其他保特瓶。直到全部保特瓶被推出爲止。

Chapter 9

機器人碰碰車（觸碰感測器）

● 本章學習目標 ●

1. 讓讀者了解樂高機器人輸入端的「觸碰感測器」之定義及原理。

2. 讓讀者了解樂高機器人的「觸碰感測器」之四大模組的各種使用方法。

● 本章內容 ●

9-1 觸碰感測器的認識

【定義】是指用來感測機器人是否有觸碰到「目標物」或「障礙物」。

【目的】類似按鈕式的「開關」功能。

1. 用來感測機器人前、後方的障礙物。

2. 用來感測機器人手臂前端是否碰觸到目標物或障礙物。

【外觀圖示】

接一號輸入端（Port1）觸碰感測器

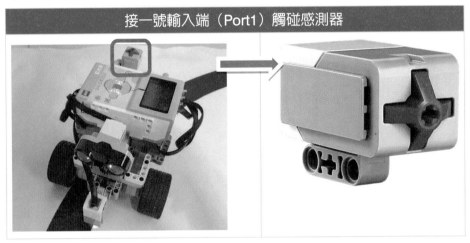

【外觀】觸碰感測器的前端紅色部分為十字孔，方便製作緩衝器。

【擴大觸碰範圍】

　　由於「觸碰感應器」中，只有「紅色部位」零件在被觸碰時，主機才會接收到訊息「1」，否則，接收到訊息「0」。因此，為了讓樂高機器人在行動中時，擴大觸碰範圍，必須要重新「改造」一下。如下圖所示：

正面	側面

【功能介紹】用來判斷是否有受到外部力量的觸碰或施壓。

【EV3觸碰感應器的規格表】

項目	教育 EV3	教育 NXT
距離	在前面一個十字孔	在前面一個十字孔
自動識別	有支援	沒有支援

【三種偵測模式】

三種偵測模式	MakeCode 拼圖指令
事件模式	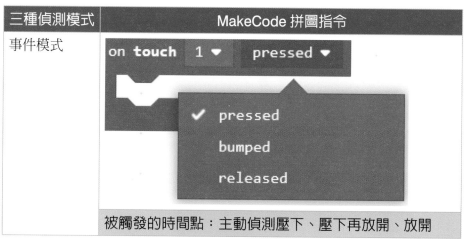
	被觸發的時間點：主動偵測壓下、壓下再放開、放開

等待模式	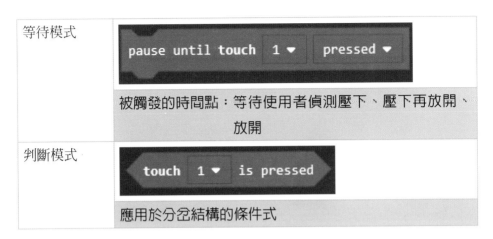
	被觸發的時間點：等待使用者偵測壓下、壓下再放開、放開
判斷模式	touch 1 ▼ is pressed
	應用於分岔結構的條件式

9-2 偵測觸碰感測器的值

如果想要利用觸碰感測器來完成某一指定的任務之前，務必要先偵測觸碰感測器回傳的數值。

【實作】請撰寫 EV3 程式來反覆偵測觸碰感測器是否被壓下，並顯示回傳值到螢幕上。

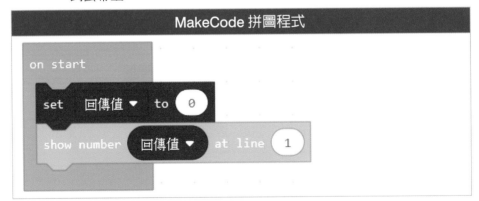

MakeCode 拼圖程式

on start

set 回傳值 ▼ to 0

show number 回傳值 ▼ at line 1

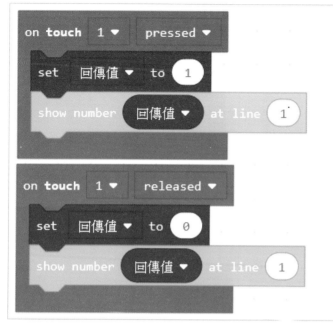

【測試方式】請您壓下「觸碰感測器」後再放開。

壓下	放開
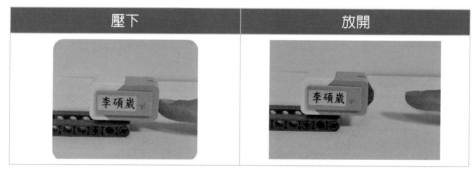	

【測試結果】利用模擬器測試。

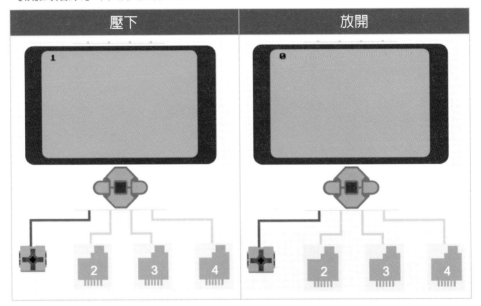

壓下	放開

【回傳資訊】

1. 當按鈕被「壓下」時，回傳資訊為數字「1」。

2. 當按鈕被「放開」時，回傳資訊為數字「0」。

【應用時機】

1. 機器人前進行走時，如果碰到前方有障礙物時，就會自動轉向（如：後退、轉彎或停止等事件程序）。如：碰碰車。

2. 在機械手臂前端可利用觸碰感測器偵測是否碰觸到物品，再決定是否要取回或排除它。如：拆除爆裂物的機械手臂。

3. 當作線控機器人的操控按鈕。

【三種活動模式】

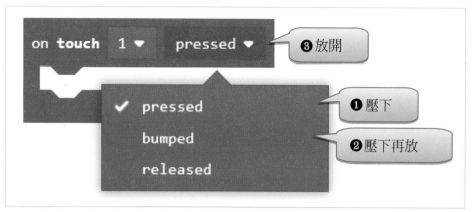

【說明】預設連接在 1 埠。它提供三種狀態模式：

1. 設定「Pressed」：當「壓下」時，馬上執行。

2. 設定「Bumped」：當「壓下再放開」時，才能繼續執行。

3. 設定「Released」：當「放開」時，才會繼續執行。

【觸碰感應器的三種常用方法】

　　觸碰感測器在 MakeCode 常被使用下列三種功能區塊（Block）。

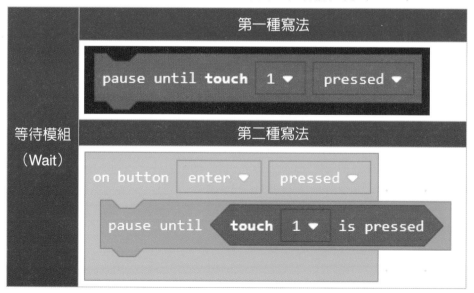

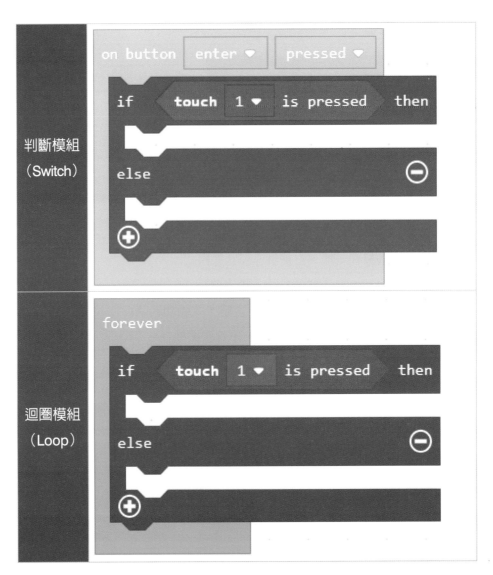

判斷模組
（Switch）

迴圈模組
（Loop）

9-3 觸碰感測器的等待模組（Wait）應用

【功能】用來設定等待「觸碰感測器」被壓下時，再繼續執行下一個動作。

【等待模組（Wait）】

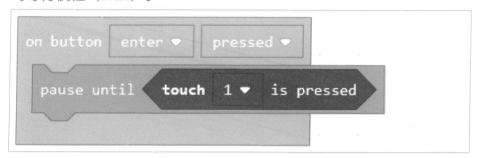

【範例1】機器人往前走，當「觸碰感應器」碰撞牆壁時，則停止。

【解析】

示意圖	流程圖
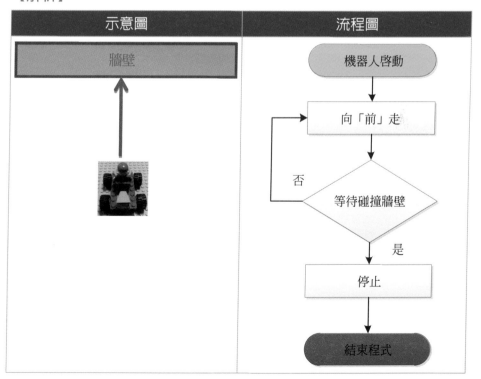	

【第一種寫法】

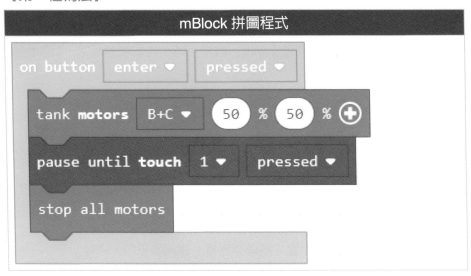

【第二種寫法】

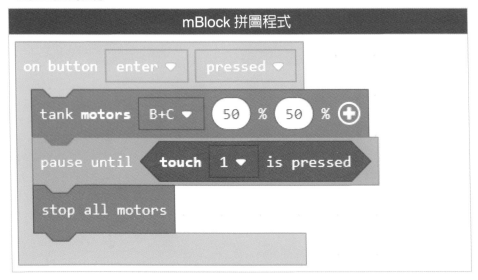

【範例2】機器人前進至碰撞牆壁，直角轉彎（180迴旋），機器人向前進，直到「手指頭」「壓下」爲止。

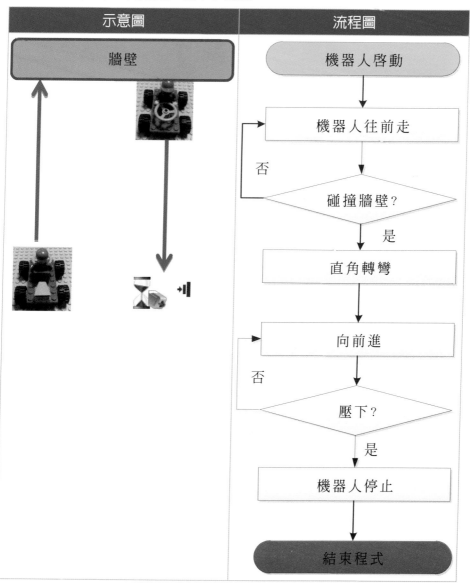

EV3 樂高機器人 ── 使用 MakeCode 程式設計

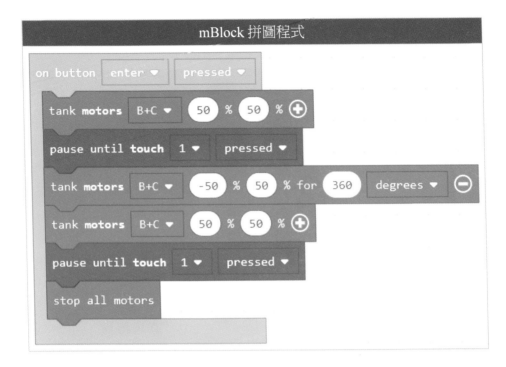

9-4 觸碰感測器的分岔模組（Switch）應用

【功能】用來設定判斷「觸碰感測器」是否被壓下，如果「是」，則執行「上面」的分支，否則，就會執行「下面」的分支。

【分岔模組（Switch）】

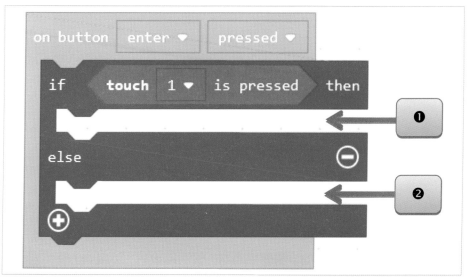

【說明】

❶當條件式「成立」時，則執行「上面」的分支。

❷當條件式「不成立」時，則執行「下面」的分支。

【實例1】利用一個「觸碰感測器」來設計「碰碰車」。利用「分岔結構」在國際奧林匹克機器人競賽（WRO）經常出現的「碰碰車」比賽，就可以利用觸碰感測器來與對手碰撞。

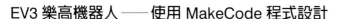

碰碰車

註 在本書中，附有「雙觸碰感測器的碰碰車組裝圖」。

【解析】

1. 機器人「左側」的「觸碰感測器」偵測碰撞「障礙物」時，則先退後 0.5 圈，再向「右旋轉 1 圈」。

2. 機器人「左、右兩側」的「觸碰感測器」偵測碰撞到「障礙物」時，則「後退」。

3. 機器人「右側」的「觸碰感測器」偵測碰撞「障礙物」時，則先退後 0.5 圈，再向「左旋轉 1 圈」。

● 一、示意圖

「左側」碰撞「障礙物」	「中間」碰撞「障礙物」	「右側」碰撞「障礙物」

● 二、流程圖

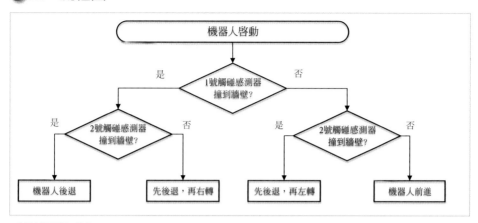

【拼圖程式】

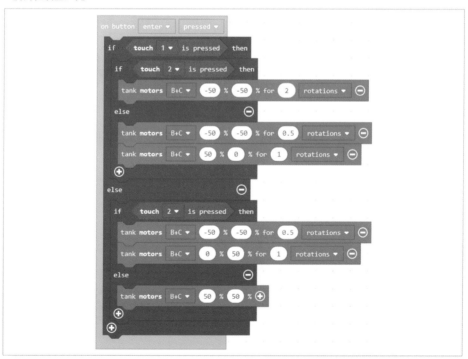

註 在上面的例子中，如果單獨使用分岔結構（Switch），只能偵測一次，無法反覆執行。

【解決方法】搭配無限制的「迴圈結構（Loop）」，可以讓你反覆操作此機器人的動作。

9-5 機器人碰碰車

【定義】「觸碰感測器」是否被壓下，如果「是」，則會結束迴圈。

【迴圈模組（Loop）】

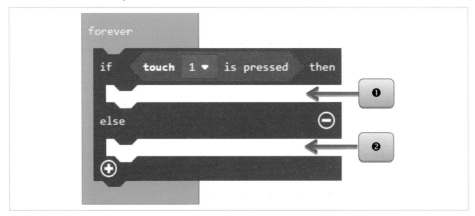

【實例 1】利用一個「觸碰感測器」來設計「碰碰車」。利用「迴圈結構」。

● 一、流程圖

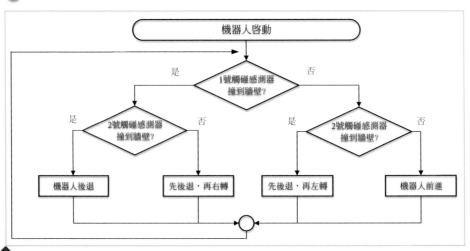

●二、拼圖程式

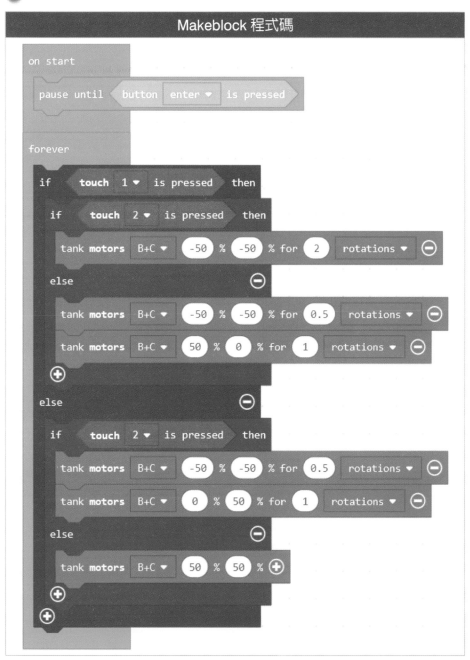

課後習題

1. 請利用「觸碰感測器」來設計「計數器」。

   說明：每按一次「觸碰感測器」計數器會自動加1，並顯示於螢幕上。

2. 承上一題，當計數器的數值為奇數時，主機會亮「綠燈」，否則亮「紅燈」。

3. 承上一題，當計數器的數值為奇數時，除了主機亮「綠燈」或「紅燈」之外，它還會唸出「Green」音或「Red」音。

4. 請利用「觸碰感測器」來設計「跨時倒數10秒」的啟動鈕。

   說明：當按下「觸碰感測器」時，就會在螢幕上顯示倒數數字，並且數到0時，就會顯示「爆炸」的圖示及音效。

5. 請利用一顆「觸碰感測器」來設計「線控車」。

   說明：按下時「前進」，放開時「停止」。

二種情況	1 顆觸碰感測器	機器人動作
1	按下（1）	前進
2	放開（0）	停止

6. 請利用2顆「觸碰感測器」來設計「線控車」。

   說明：

四種情況	第 1 顆觸碰感測器	第 2 顆觸碰感測器	機器人動作
1	按下（1）	按下（1）	前進
2	按下（1）	放開（0）	左轉
3	放開（0）	按下（1）	右轉
4	放開（0）	放開（0）	停止

Chapter 10

遙控機器人（紅外線感測器）

● 本章學習目標 ●

1. 讓讀者了解樂高機器人輸入端的「紅外線感測器」之定義及原理。

2. 讓讀者了解樂高機器人的「紅外線感測器」之四大模組的各種使用方法。

● 本章內容 ●

註 「紅外線感測器」是 EV3 家用版的感測器，EV3 教育版沒有附此套件，讀者可以自行到「樂高代理商」或「露天拍賣網」購買即可。

10-1 認識紅外線感測器

【定義】

　　功能類似「紅外線感測器」都是用來偵測距離的遠近，並且還提供遙控模式的功能。

【外觀圖示】

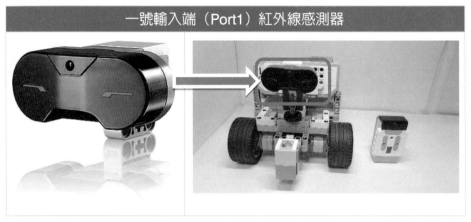

一號輸入端（Port1）紅外線感測器

【功能】測距模式，可以裝在機器人的後方，當作倒車雷達系統。如上圖所示。

【偵測的實際距離與回傳值】偵測的「實際距離」約為「回傳值」的 70% 比率。

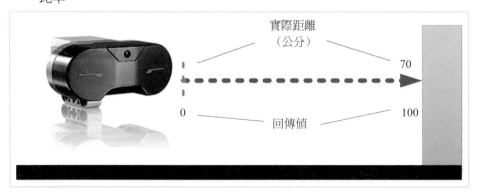

【三種偵測模式】

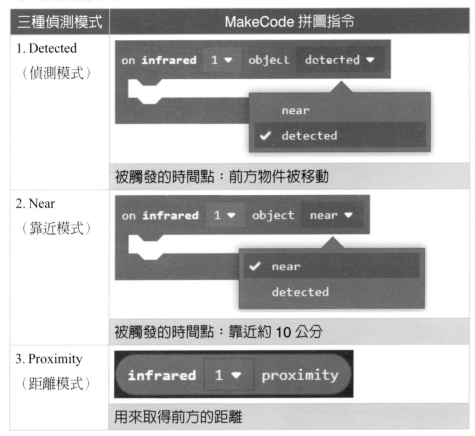

三種偵測模式	MakeCode 拼圖指令
1. Detected （偵測模式）	on infrared 1 ▼ object detected ▼ near ✓ detected 被觸發的時間點：前方物件被移動
2. Near （靠近模式）	on infrared 1 ▼ object near ▼ ✓ near detected 被觸發的時間點：靠近約 10 公分
3. Proximity （距離模式）	infrared 1 ▼ proximity 用來取得前方的距離

10-2 偵測紅外線感測器的值

如果想要利用紅外線感測器來完成某一指定的任務之前，務必要先偵測紅外線感測器回傳的數值。

【實作】請撰寫 MakeCode 程式來反覆偵測前方的距離，並顯示回傳值到螢幕上。

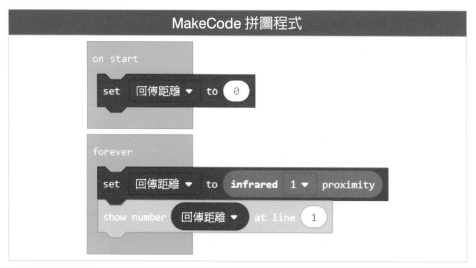

【測試距離】

用手放在紅外線感測器前方	手慢慢地水平移動

【測試距離-公分】

　　請將手分別放在「紅外線感測器」前面近一點以及前面遠一點。

【測試結果】利用模擬器測試

偵測的距離（比較近）	偵測的距離（比較遠）

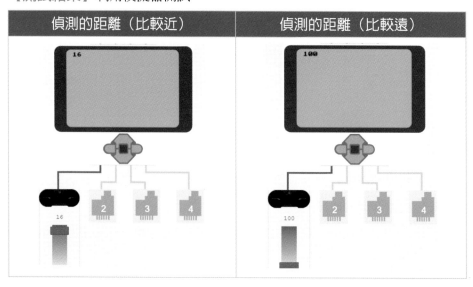

【注意】它在測量環境改變的時候，反應的速度較慢，可能會有反映的「時間差」。

【適用時機】

1. 倒車雷達

2. 偵測前方的障礙物

3. 機器人自動歸位系統（搭配「IR 紅外線發射器」）

4. 操控機器人動作（搭配「IR 紅外線發射器」）

【紅外線感應器的三種常用方法】

　　紅外線感測器在 MakeCode 常被使用下列三種功能區塊（Block）。

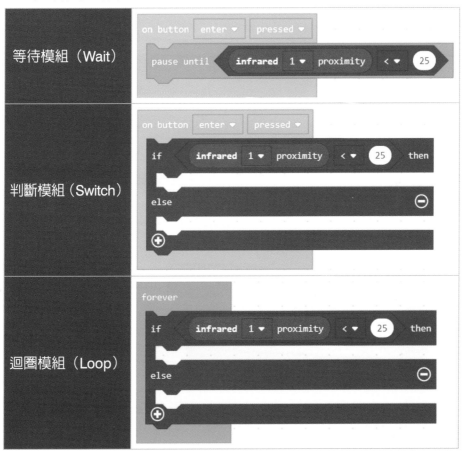

10-3 紅外線感測器的等待模組（Wait）應用

基本上，紅外線感應器的等待模組有兩種寫法：

第一種寫法：利用紅外線感應器專屬的等待模組。

範例 1：等待偵測到前方有物件「移動」時，閃爍紅燈。

範例 2：等待偵測到前方有物件「太靠近」時，閃爍紅燈及發出「嗶聲」。

說明：當物件靠近在 10 公分以內，會「嗶一聲」，直到物件距離為有
效距離。

第二種寫法：利用通用的等待模組。

等待前方物件靠近距離小於「門檻值」時，再繼續執行下一個動作。

偵測值　　門檻值

【說明】當等待模組中的「條件式」成立時，才會繼續執行下一個動作，否則，下面的全部指令都不會被執行。

範例 3：等待前方物件靠近距離小於 25 公分時，發出連續性的「嗶聲」及閃爍紅燈。

說明：當物件靠近在 25 公分以內，會有「連續嗶聲」，直到物件距離為有效距離。

10-3-1　樂高機器人偵測到障礙物自動停止

　　在前面的單元中，我們已經了解「紅外線感測器」的適用時機及偵測距離之後，接下來，我們就可以開始來撰寫如何讓樂高機器人在行走的過程中，如果有偵測到障礙物會自動停止。

【實作】樂高機器人往前走，直到「紅外線感測器」偵測前方 25 公分處有「障礙物」時，就會「停止」。請利用「等待模組（Wait）」

示意圖	流程圖
牆壁 25 公分	當啓動時 ↓ 機器人往前走 ↓ False　偵測障礙物？　True ↓ 機器人停止

【MakeCode拼圖程式】

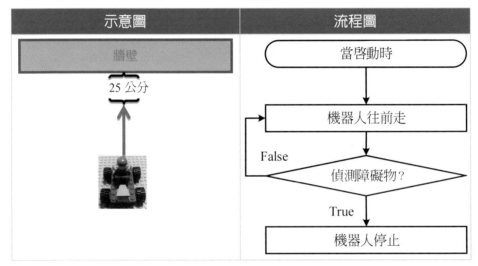

```
on button  enter ▼   pressed ▼
    tank motors  B+C ▼   50 %  50 % ⊕
    pause until   infrared 1 ▼  proximity  < ▼  25
    stop all motors
```

【模擬器測試】

初始狀態	按下 ok 鈕	調整紅外線前方的距離
紅外線前方的距離 127 公分	B 與 C 兩顆馬達轉動	B 與 C 兩顆馬達停止轉動

10-3-2　偵測到障礙物停止並發出警鈴聲

　　在學會如何讓樂高機器人在行走的過程中，如果偵測到障礙物自動停止之後，再新增一個功能，就是它會自動發出警鈴聲。

【實作】樂高機器人往前走，直到「紅外線感測器」偵測前方 25 公分處有「障礙物」時，就會「停止」並發出警鈴聲。請利用「等待模組（Wait）」

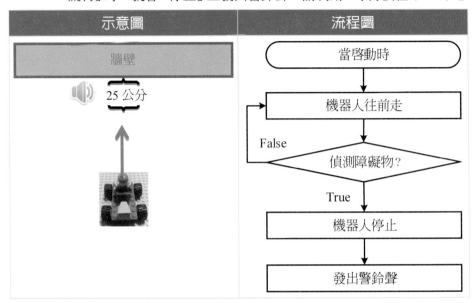

示意圖	流程圖
牆壁 25 公分	當啟動時 → 機器人往前走 → 偵測障礙物？（False / True）→ 機器人停止 → 發出警鈴聲

【MakeCode拼圖程式】

```
on button enter ▼ pressed ▼
    tank motors  B+C ▼   50 %  50 %  ⊕
    pause until    infrared 1 ▼  proximity   < ▼  25
    stop all motors
    play tone at  Middle C  for  1 ▼ beat
```

10-4 紅外線感測器的分岔模組（Switch）應用

【定義】是指用來判斷「紅外線感測器」偵測距離是否小於「門檻值」時，
　　　　如果「是」，則執行「上面」的分支，否則，就會執行「下面」的
　　　　分支。

【分岔模組（Switch）】

【說明】

❶當條件式「成立」時，則執行「上面」的分支。

❷當條件式「不成立」時，則執行「下面」的分支。

　　因此，當「偵測值」小於「門檻值」，就會執行「上面」的分支。

【實作】樂高機器人利用「紅外線感測器」偵測前方 25 公分處是否有「障礙物」時，就會「停止」，否則就前進。

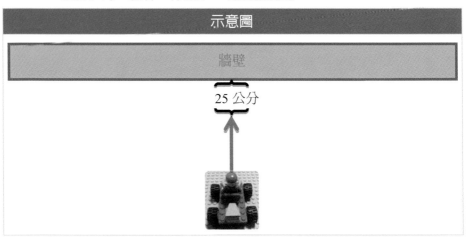

【解答】

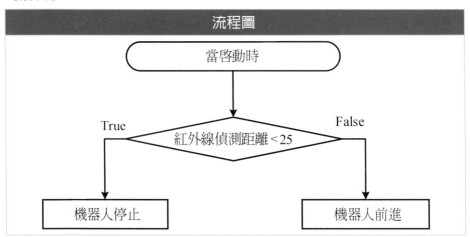

註 在上面的例子中，如果單獨使用分岔結構（Switch），只能偵測一次，無法反覆執行。

【解決方法】搭配無限制的「迴圈結構（Loop）」，可以讓你反覆操作此機器人的動作。

10-5 紅外線感測器的迴圈模組（Loop）應用

【定義】「紅外線感測器」偵測到的距離小於「門檻值」時，就會結束迴圈。

【迴圈模組（Loop）】

【範例】機器人向前走，直到紅外線感應器偵測前方有「障礙物」時，就會結束迴圈。

【解析】

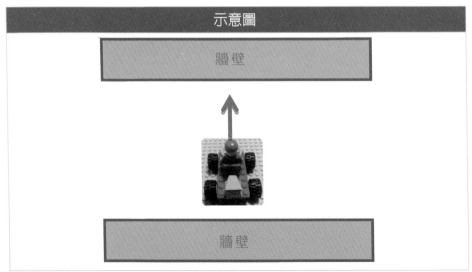

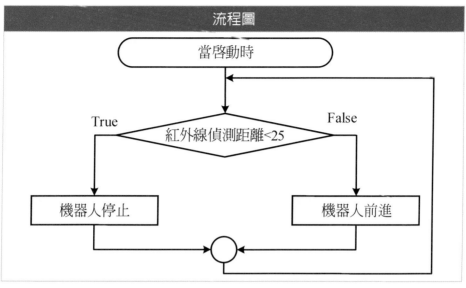

【MakeCode拼圖程式】

10-6 遙控機器人

【功能】1. 操控機器人動作。

2. 製作機器人自動歸位系統。

【外觀圖示】

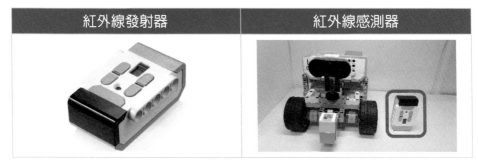

紅外線發射器	紅外線感測器

【五個按鈕】

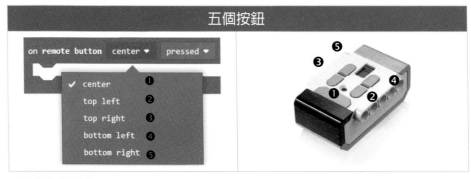

【四種頻道】

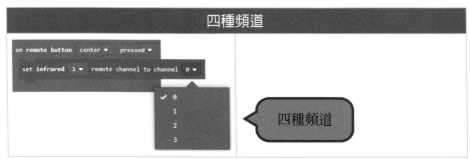

當我們在 EV3 機器人上加裝紅外線感測器，除了可以當作「紅外線感應器」偵測距離之外，它還可以結合「紅外線遙控器」，讓使用者可以透過「紅外線遙控器」來遙控 EV3 機器人。

【實例】請利用「紅外線發射器」的第 0 個頻道，來遙控機器人「前、後、左、右及停止」。

【拼圖程式】

```
on start
    set infrared  1 ▼  remote channel to channel  0 ▼

forever
    if      remote button   center ▼   is pressed     then
        tank motors  B+C ▼   50 %  50 % ⊕
    else if    remote button   top left ▼   is pressed    then ⊖
        tank motors  B+C ▼   -50 %  50 % ⊕
    else if    remote button   top right ▼   is pressed    then ⊖
        tank motors  B+C ▼   50 %  -50 % ⊕
    else if    remote button   bottom left ▼   is pressed    then ⊖
        tank motors  B+C ▼   -50 %  -50 % ⊕
    else                                                         ⊖
        stop all motors
    ⊕
```

課後習題

1. 請利用「紅外線感測器」的「偵測模式」，亦即前方如果物件被移動時，就會發出安全警報聲（Information Error Alarm）。

   【MakeCode程式碼】

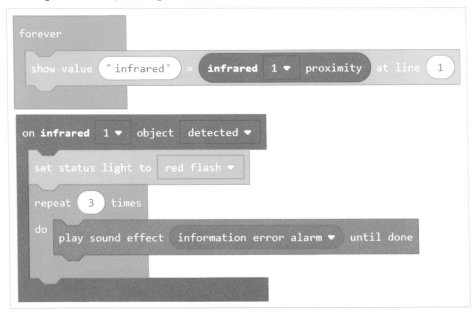

   【執行結果】

   如果前方物件被移動時，就會發出安全警報聲（Information Error Alarm）。

2. 請利用「紅外線感測器」的「接近模式」，如果物件「靠近」約10公分時，就會發出安全警報聲（Information Error Alarm）。

【MakeCode程式碼】

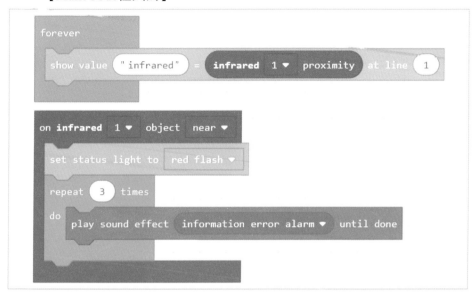

【執行結果】

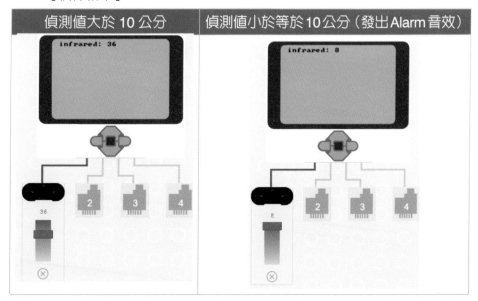

國家圖書館出版品預行編目資料

EV3樂高機器人——使用MakeCode程式設計／
李春雄著. -- 初版. -- 臺北市：五南，
2020.02
　　面；　公分
　ISBN 978-957-763-772-7（平裝）

1.機器人　2.電腦程式設計

448.992029　　　　　　　108019730

5R30

EV3樂高機器人——
使用MakeCode程式設計

作　　者 — 李春雄

發 行 人 — 楊榮川

總 經 理 — 楊士清

總 編 輯 — 楊秀麗

主　　編 — 李貴年

責任編輯 — 何富珊

出 版 者 — 五南圖書出版股份有限公司

地　　址：106台北市大安區和平東路二段339號4樓

電　　話：(02)2705-5066　　傳　　真：(02)2706-6100

網　　址：http://www.wunan.com.tw

電子郵件：wunan@wunan.com.tw

劃撥帳號：01068953

戶　　名：五南圖書出版股份有限公司

法律顧問　林勝安律師事務所　林勝安律師

出版日期　2020年2月初版一刷

定　　價　新臺幣550元